普通高等教育 21 世纪规划教材·机械类、近机械类
国家示范性高等职业院校重点专业建设项目成果

机械制图与 AutoCAD

主　审　易　磊
主　编　李志明
副主编　唐大学　　周永洪
参　编　刘　韬　　丁小民　　吴周敏

U0390709

复旦大学出版社

内 容 提 要

本书根据机电与汽车类专业高技能型人才培养要求,结合机械制造类企业相关岗位对机械识图与 CAD 制图的要求,并在考虑高等职业教育教学要求和学生特点的基础上,结合实际案例构建教学体系与教学内容。

本书的主要内容包括:绘图基本知识与技能,AutoCAD 绘图基础,点线面投影及其三视图画法,基本体视图的画法与标注,组合体视图的画法、标注与识读,轴测图的画法,机件的各种表达方法,常用机件的画法与标注,零件图画法与识读和装配图画法与识读。

本书可作为高等职业院校与高等专科院校机电类与汽车类专业的教材,也可作为机械制造企业员工的培训教材,还可供机械制造企业相关技术人员参考。

前　言

随着科学技术的高速发展、人类社会的不断进步及现代企业对高技能人才的用人需求,学科门类在不断增加、相互渗透和相互融合,教材建设也必须紧跟现代教育的步伐,适应当前主流教育的需要,不断完善、不断适应企业知识技能要求,方便学生阅读,培养高技能技术应用型人才。本书根据适用与够用原则,兼顾自学与学生今后发展需要,在湖南交通职业技术学院示范教材的基础上,经过认真修改与整理,编写出这本集机械制图、机械识图与 AutoCAD 于一体的《机械制图与 AutoCAD》一书。

本教材有别于其他教材,它是产学研结合的产物,经过了多年实践的检验,得到三一重工、中联重科、山河智能等多家国内著名企业的支持与指导,以及历界机械专业毕业生的意见反馈。本教材由两部分构成,涉及机械制图识图部分及 AutoCAD 计算机辅助设计两方面知识。主要有以下特点:

1. 采用我国最新颁布的有关技术制图、机械制图的国家标准及有关的其他标准。

2. 既考虑教师的教学习惯,又调动学生学习兴趣,因为教学是互动过程,要靠师生间融合才会生动。章节设置自然,学生重在工程图样识读。另外,计算机辅助设计符合学生今后发展,迎合新潮流的需要,故放在第二章,适合教学安排。

3. 通过图形反映物体,图物是本书的主体,过多的描述留给教师,以帮助理解。另外取例简单典型,以期用最简单的例子说明相对复杂的专业知识。

4. 本书主要适应对象是机械类高职院校,同样适应高等专科院校教学,侧重点在机械图样的识读,制图主要结合 CAD 一起教学,兼顾教学安排及学生的兴趣和发展。

5. 教学正处于改革过程,教学方法在不断探索,教学课时会有较大的减少,教学的侧重点会有所不同,书中带 ＊ 号的部分表示可根据不同专业要求、课时进行取舍。

　　本书由湖南交通职业技术学院机电工程学院李志明担任主编,机电工程学院易磊任主审,唐大学、周永洪担任副主编,丁小民、刘韬和吴周敏担任参编工作。

　　本教材得到机电工程学院和汽车工程学院相关老师的大力支持,在此一并感谢!

　　本教材在编写过程中参考了一些国内同类著作,在此特向有关作者致谢!

　　由于编写过于仓促,书中难免存在一些错误和不足,敬请广大读者批评指正。

编　者

2014 年 5 月

目　　录

绪　论

一、概述

机械制图是一门研究用投影法原理,绘制和阅读机械图样及解决空间几何问题的理论和方法的课程。

在现代工程技术上,为了准确表达工程对象的形状、大小以及技术要求,需将其按一定的投影方法和有关的技术规定表达在图纸上,就得到**工程图样**,简称**图样**。**机械图样**是工程图样中应用最多的一种,是表达设计意图、交流技术思想与指导生产的重要工具,是工业生产中的重要技术文件,是工程界共同的技术语言。

在机械工程中,图样的表达对象通常是一台机器或是机器中的某个零件。表示单个零件的图样称为**零件图**,如图0-1所示;表示一台机器或部件的图样称为**装配图**,如图0-2所示。装配图是机器或部件在装配、检验、调试、安装、使用和维修过程中的主要技术依据,综合反映机器或部件的名称、零部件组成、工作原理、零件之间的装配联结关系、零件的主要结构形状和技术要求等方面的内容。零件图是生产企业制造和检验零件的主要依据,综合反映零件的名称、形状结构、尺寸大小及质量要求等方面的设计要求。

二、本课程的性质和任务

机械制图是工科院校中一门实践性较强的技术基础课。对于机械工程类专科来说,它是培养高级工程技术应用型人才的一门主干技术基础课,是学习其他专业课程不可缺少的基础。

本课程的主要任务是培养学生绘制和阅读一般的零件图和装配图能力,准确理解和表达工程对象的形状、大小、各部分的相对位置及技术要求等,提高空间想象和构思能力,为进一步学习其他专业课做好必要的铺垫。随着计算机技术的飞速发展,在机械行业中广泛应用的计算机辅助设计(AutoCAD),其绘图功能越来越强大,已成为重要的绘图工具,必须学好并熟练掌握。

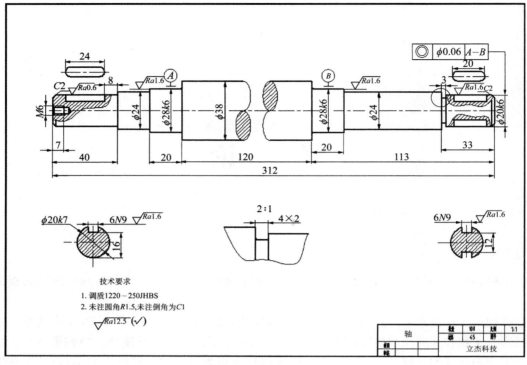

图 0-1 传动轴零件图

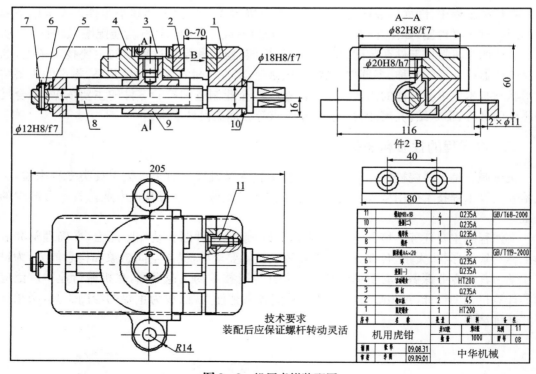

技术要求
装配后应保证螺杆转动灵活

图 0-2 机用虎钳装配图

三、本课程的学习方法和要求

1. 在学习本课程的理论时,要牢固掌握投影原理和图示方法,透彻理解基本概念,以便能灵活运用有关概念和方法解题。

2. 注意空间几何关系的分析,以及空间问题与其在平面上表示方法之间的对应关系,不断由物画图、由图想物,多想多画、多看、多实训,逐步培养空间想象能力和空间构思能力。

3. 完成一定数量的习题,加深对相关理论和方法的理解。

4. 绘图和读图能力主要通过一系列的绘图实践来实现。仔细观察工程图样,凡事多问个为什么;多进行绘图训练,发现问题解决问题。

5. 由于各工程图样是制造和检验零件和机器的主要依据,来不得半点虚假,必须认真、仔细,培养严谨、负责的工作作风。

第1章

机械制图与 AutoCAD·

绘图基本知识与技能

本章主要讲述技术制图和机械制图国家标准的一般规定、绘图工具的使用、几何作图、平面图形分析与画法等。教学重点是平面图形分析与画法,教学难点是几何作图。

1.1 机械制图国家标准

图样是工程技术界的共同语言,为方便指导生产和对外技术交流,国家标准对图样上的有关内容作出了统一的规定,每个从事技术工作的人员都必须熟悉并严格执行。

一、图纸幅面和格式

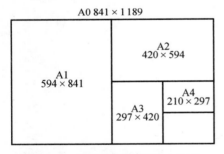

图 1-1 基本幅面间的尺寸关系

1. 图纸幅面

绘图要用到绘图纸,纸张的形状和大小在国家标准 GB/T14689—1993 中都有详尽的规定,在绘制技术图样时,应优先采用表 1-1 中规定的图纸大小,必要时允许使用加长幅面图纸。图 1-1 所示为各种基本幅面的图纸之间尺寸大小的关系。

表 1-1 基本幅面尺寸　　　　　　　　　　　　　（单位:mm）

幅面代号		A0	A1	A2	A3	A4
尺寸 B(宽)$\times L$(长)		841×1 189	594×841	420×594	297×420	210×297
边框	a	25				
	c	10			5	
	e	20		10		

2. 图框格式

国家标准中图框的格式如图1-2和图1-3所示。

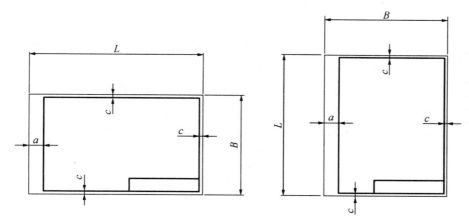

图1-2 留有装订边的图框格式(横式和竖式)

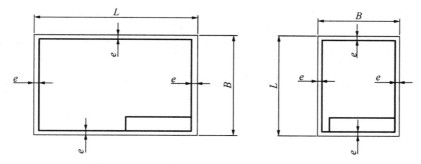

图1-3 不留装订边的图框格式(横式和竖式)

在图纸上必须用粗实线画出图框,确保工程图样相关内容画在图框之内。图框格式分为留有装订边和不留装订边两种,各种格式距纸边的距离在表1-1中有详细规定,画图时必须按要求尺寸画出。根据标题栏在图纸上所处的位置不同,图纸分为横式和竖式两种形式,具体采用哪种形式应根据所绘机件的形状特点确定。

3. 标题栏与看图方向

通常,在图框线内的右下角画出**标题栏**,用以说明图样的名称、对象、比例、材料、设计者和时间等相关内容。标题栏中,文字的字头方向即为读者看图方向。国标(GB/T14689—1993 技术制图图纸幅面和格式)对标题栏格式作了详细规定,具体规格和尺寸如图1-4所示,绘图时必须按规定尺寸要求画出并填写标题栏。特别要注意:标题栏按尺寸要求画出后并不需要标尺寸,且其大小不随绘图比例和图纸大小的改变而变化。

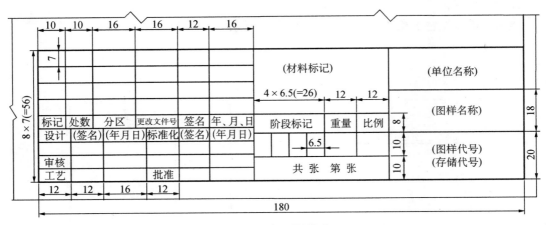

图 1-4 标题栏格式

二、绘图比例

绘图比例指图样中图形与其实物相应要素的线性尺寸之比。绘图时,可从表 1-2 中选取相应标准比例值。比例分为原值、缩小、放大 3 种类型,绘图时优先考虑采用原值比例。但无论采用何种比例,图样中所注的尺寸,均应为设计对象(指机件)的真实大小尺寸,与图形所采用的比例值无关。比例值应填写在标题栏中的对应处。

表 1-2　常用的绘图比例

种　类	比　例				
原值比例	1 : 1				
放大比例	2 : 1	2.5 : 1	4 : 1	5 : 1	10 : 1
缩小比例	1 : 1.5	1 : 2	1 : 2.5	1 : 3	1 : 4	1 : 5

三、字体(GB/T14691—1993)

图样中有文字注释,包括数字、字母和汉字,书写的字体必须做到字体工整、笔划清楚、间隔均匀、排列整齐。国标 GB/T14691—1993 对字体的字型、高度和宽度均有要求。字体的大小用字号表示,字号表示字体的高度的毫米数,字号愈大,表示字体愈大,如 5 号字字高为 5 mm,常用字号规格见表 1-3。

表 1-3　常用字号　　　　　　　　(单位:mm)

字号	1.8	2.5	3.5	5	7	10	14	20

1. 汉字

国标规定,图样中汉字要采用长仿宋体书写,且必须是国家正式公布的简化字,汉字的字号不能小于 3.5 号字,太小看不清楚,图样中一般采用 5 号字。长仿宋体字书写的要领是横平竖直、排列匀称、注意起落、填满方格。

2. **字母和数字**

图样中字母和数字要求按印刷体(一般写成宋体)书写,可写成正体和斜体,在机械图样中通常习惯写成斜体,斜体字头向右倾斜,与水平线成 75° 的方向,但单位、化学元素符号等,则必须采用正体书写,如 kW、kg、Na、Pa、K 等。

用作指数、分数、极限偏差、注脚等的字母和数字,一般采用小一号字体书写。

在图样中字体字号一般按 3.5 或 5 号字书写,但标题栏中的图样名称、设计单位名称一般按 10 号字书写。

四、图线

图线是图样中的重要内容,不论是表示物体形状还是标注尺寸都要用到图线。图线绘制的质量不但影响图样的准确性,而且还影响到图样的美观,体现职业素质。

1. **基本线型**

国家《技术制图》标准(GBT17450—1998)规定了各种技术绘图用的 15 种图线,在工程制图中,建议采用其中的 9 种基本线型,其画法和用途见表 1-4。

表 1-4　基本线型与应用

图线名称	图线形式	图线宽度	一般应用举例
粗实线	——————	d	可见轮廓线
细实线	——————	$d/2$	尺寸线及尺寸界线 剖面线 重合断面的轮廓线 过渡线
细虚线	- - - - - - -	$d/2$	不可见轮廓线
细点画线	—·—·—·—	$d/2$	轴线 对称中心线 轨迹线
粗点画线	——·——	d	限定范围表示线
细双点画线	——··——	$d/2$	相邻辅助零件的轮廓线 极限位置的轮廓线
波浪线	～	$d/2$	断裂处的边界线 视图与剖视的分界线
双折线	—〤—	$d/2$	同波浪线
粗虚线	— — — —	d	允许表面处理的表示线

2. **图线宽度**

图线分粗线、细线两种线型,图线的宽度按表 1-5 中选用。图样中的粗实线和粗虚线

的宽度(d)一般情况下取 0.5 或 0.7 mm,其他线型的宽度则按粗实线宽度的 1/2 确定。

表 1-5　常用的图线宽度　　　　　　　　　　　　(单位:mm)

图线宽度	0.13	0.18	0.25	0.35	0.5	0.7	1	1.4	2

3. 图线应用

绘制图样时,须注意以下几点:

(1) 同一张图样中,同类图线的宽度应基本一致,虚线、点画线、双点画线的线段长度和间隔应大致相同。

(2) 两平行线之间的距离应不小于粗实线的两倍宽度,最小距离不得小于 0.7 mm,太小会给阅读带来困难。

(3) 绘制圆的对称中心线时,圆心应为细点画线的交点,点画线的首末两端应为画线而不是点,且超出圆形的轮廓线约 3～5 mm。

(4) 在较小的图形上绘制细点画线和细双点画线有困难时,可用细实线代替。

(5) 虚线与虚线相交或虚线与其他线相交,应在画线处相交。当虚线处在粗实线的延长线上时,粗实线应画到分界点,与虚线有空隙。

图线的应用如图 1-5 所示。

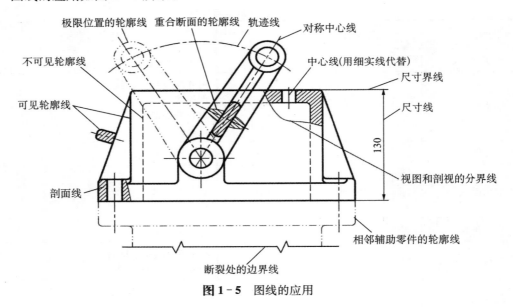

图 1-5　图线的应用

五、尺寸注法

工程图样中,除了用图线表达物体的内外形状外还应标注尺寸,以反映物体的真实大小,故图样中的尺寸标注是图样的另一项重要内容,是生产的直接依据。标注尺寸时,必须严格遵守国标 GB/T4458.4—2003、GB/T16675.2—1996 的规定,做到正确、完整、清晰、合理。图1-6所示为支架的主视图,图中标有许多尺寸以全面反映支架的大小。仔细观察会发现,有些地方没有直接标注尺寸,但可以根据图上相应尺寸画出上述图形,这就涉及尺寸标注合理性问题。

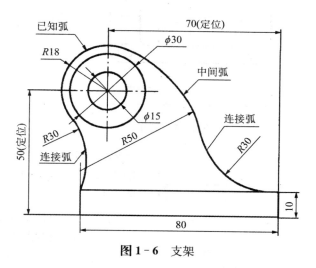

图1-6 支架

1. 尺寸注法基本规则

(1) 机件的真实大小应以图样上所注的尺寸数值为依据,与图样中图形的大小及绘图的准确程度无关。

(2) 图样中(包括技术要求和其他说明)的尺寸,以毫米为默认单位时,不需标注计量单位的代号或名称,否则需要在标题栏中注明相应的计量单位。

(3) 图样中所注尺寸,为该图样所示的最后完工尺寸,否则应另加说明附加尺寸的作用。

(4) 机件的每一尺寸一般只注一次,并应标注在最能反映物体上该结构形体特征的图形上。

2. 尺寸的组成

图样中一个完整的尺寸,应包括尺寸界线、尺寸线、尺寸数字及尺寸终端,如图1-7所示。

(1) **尺寸界线**表明所注尺寸的范围,对应机件上的两个不同的位置,尺寸界线用细实线绘制,并应由图形轮廓线、轴线或对称中心线引出;也可直接利用这些图线作为尺寸界线。尺寸界线应与尺寸线垂直,仅超出尺寸线2～3 mm。

(2) **尺寸线**表明度量尺寸的方向,必须用细实线单独绘制,不能借助图样中的任何其他图线作为尺寸线,也不得将尺寸线画在其他图线的延长线上。线性尺寸线应与所标注的线段平行,其间隔(或平行的尺寸线之间)距离应尽量保持一致,一般在7～10 mm左右。

(3) **尺寸终端**有两种形式,画在尺寸线的终端,在机械图样中一般采用实心三角形箭头,其大小和形状有具体的规定,在同一工程图样中应基本保持一致。其箭头指向并止于尺

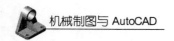

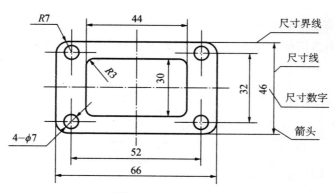

图 1-7 尺寸的组成

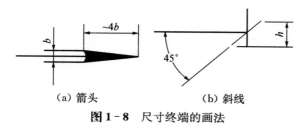

（a）箭头 （b）斜线

图 1-8 尺寸终端的画法

寸界线,但在出现小尺寸而不便画出实心箭头时,允许用小实心圆点代替。图 1-8 所示是尺寸终端的两种形式,b 表示粗实线线宽,h 表示图样中尺寸数字字体高度。

（4）**尺寸数字**用来表示机件的真实大小,一般用标准字体的斜体书写,在同一图样中其高度应基本保持一致。水平方向的尺寸数字字头向上,并标在尺寸线上方,一般情况下居中放置。垂直方向的尺寸数字字头向左,标在尺寸线的左方并居中,其他倾斜方向的尺寸标注按图 1-9 所示处理。但必须注意,国标规定角度尺寸数字的字头必须向上书写,如图 1-10 所示。还有一种尺寸数字书写方式,尺寸数字书写在尺寸线的中断处,但字头必须全部向上书写。不管采用哪种尺寸数字书写方式,整张图样的书写方式要统一,否则显得很零乱。另外要强调的是,任何图线都不得穿过尺寸数字,否则对应图线必须打断一截用于注写尺寸,以保证尺寸数字完整、清晰。

3. **尺寸标注的注意事项**

（1）尺寸线之间、尺寸界线之间和尺寸线与尺寸界线之间应尽量避免交叉。

（2）倾斜方向的尺寸标注时,不要在图 1-9(a)中 30°范围内标注尺寸数字。无法避免时,可引出标注,如图 1-9(b)所示。

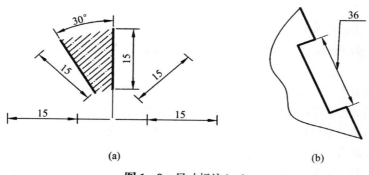

(a)   (b)

图 1-9 尺寸标注（一）

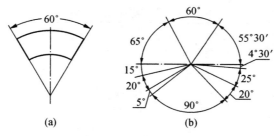

图 1 - 10 尺寸标注（二）

（3）圆弧小于或等于半圆时标注半径，大于半圆时则应标圆的直径，如图 1 - 11 和图 1 - 12 所示。标注直径有两种方式，特殊情况下采用单箭头标注，但尺寸线须超过圆心些许。

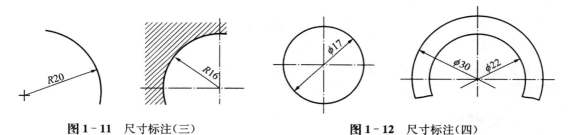

图 1 - 11 尺寸标注（三）　　　　　　　　**图 1 - 12 尺寸标注（四）**

4. 其他情形的尺寸标注

其他情形的尺寸标注，如图 1 - 13～图 1 - 16 所示。

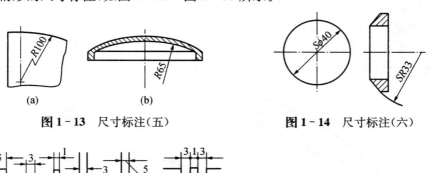

图 1 - 13 尺寸标注（五）　　　　　　　　**图 1 - 14 尺寸标注（六）**

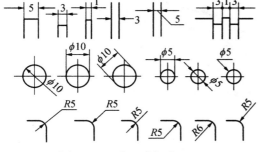

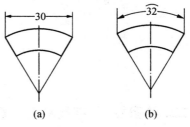

图 1 - 15 小尺寸标注（七）　　　　　　　**图 1 - 16 尺寸标注（八）**

国家标准中规定的常用符号或缩写词，见表 1 - 6。

表 1-6　常用符号或缩写词

名称	符号或缩写词	名称	符号或缩写词
直径	ϕ	45°倒角	C
半径	R	深度	▼
球直径	$S\phi$	沉孔或锪平	⊔
球半径	SR	埋头孔	∨
厚度	t	均布	EQS
正方形	□		

1.2　常用绘图工具

为了保证一定的绘图精度和良好的观感,通常需要熟悉并正确使用各种绘图工具。常用的绘图工具有绘图板、丁字尺、三角板、圆规、分规、铅笔、胶带纸、橡皮、小刀和绘图仪等。

一、绘图铅笔

在绘图时,绘制各种图线、标注尺寸、书写文字注释都要用到铅笔,但各种线型的粗细不同,需选用铅芯软硬适度的铅笔。绘图时常用 2H、H、HB、B、2B 型铅笔,一般用 2H 画底稿,H 型画细线,用 HB 书写文字,用 B 和 2B 加深粗实线。

铅笔应削成如图 1-17 所示的两种形状,锥形铅笔用来写字和画细实线,矩形铅笔用来加深图线。绘图时,要保持铅笔适当向前外侧倾斜,注意均匀用力,养成良好的习惯,并应及时削制铅笔,保证图样中各类图线的深浅一致、清晰、透亮,线宽和线型符合规定。

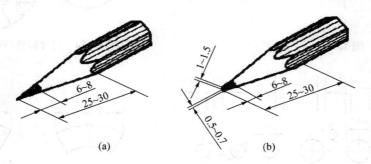

图 1-17　铅笔的削法

二、绘图板、丁字尺和三角板

绘图板用来铺放图纸,方便画图。绘图板要求表面平整、光洁、软硬适中,左右硬边要平直,左边为丁字尺的导向边,要特别注意保护。常用绘图板有 0、1 和 2 号 3 种规格。

丁字尺由尺头和尺身组成,尺头的内侧边必须与尺身有刻度的边垂直,平时要妥善保管。绘图时,丁字尺的尺头要紧贴图板的左边,上下移动,便可画出一系列的水平线。一套三角板有 45°和 30°两块。绘图时,单块与丁字尺配合使用,可画出 30°、45°、60°、90°线;两块与丁字尺配合,可画出 15°、75°、105°的斜线。三角板又是量具,往往带有量角器及曲线板,可画各种斜度的直线及任意光滑曲线。图板、丁字尺与三角板的用法,如图 1−18 所示。

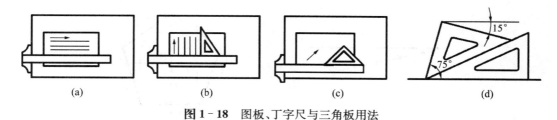

(a)　　　　　(b)　　　　　(c)　　　　　(d)

图 1−18　图板、丁字尺与三角板用法

三、圆规和分规

圆规是用来画圆弧的工具。画圆时,圆规的定心针脚用有台阶的一端,以免损坏图纸,并注意针脚、笔脚都应与图面保持垂直状,以保证绘图质量,其用法如图 1−19(a)所示。

常用的圆规有大圆规、弹簧规、点圆规,以适应画各种大小规格的圆。

分规是用来量取尺寸、截取线段、等分线段的工具,其两腿端部有钢针,当两腿合拢时,两针脚应重合于一点,如图 1−19(b)所示。

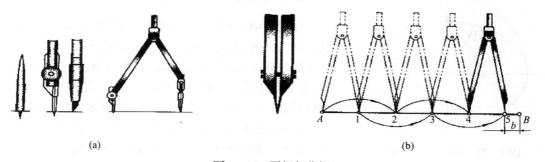

(a)　　　　　　　　　　　　(b)

图 1−19　圆规与分规

四、其他绘图工具

其他的绘图工具还有比例尺、针管笔、软布、模板(绘图专用工具)、绘图仪和计算机等,不作详述。

1.3　几　何　作　图

所谓几何作图,就是依照给定的条件,准确绘制出预定的图形。若遇到复杂的图形,必

须学会分析图形并掌握基本的作图方法,才能准确无误地绘制出来。

一、线段等分

(1)直线等分 借助分规、三角板、等分辅助线 AC,连接两线段端点,按作平行线方法将 AB 直线 5 等分,如图 1-20(a)所示。

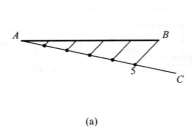
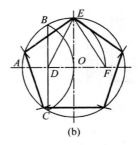

(a)　　　　　　　　　　(b)

图 1-20　线段等分

(2)圆周等分 通常将圆周 5 等分和 6 等分,画出圆内接正五边形和正六边形,如图 1-20(b)所示。正五边形作图过程是:作 OA 的垂直平分线 BC,连接 DE,以 D 点为圆心、以 DE 长为半径画弧交水平中心线于 F 点,用分规量取 EF,以 E、A、C 为圆心,以 EF 为半径画弧交圆周于各点,而求得圆周上 5 等分点。

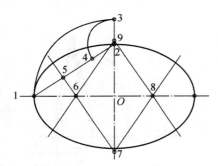

图 1-21　椭圆的四心画法

二、椭圆的四心画法

在图样中,经常要用绘图工具画椭圆,且只能采用近似画法画出,通常采用四心(圆心)法画椭圆。具体作图步骤如图 1-21 所示:连接 1、2 两点;以 O 为圆心,$O1$ 为半径画弧 $O2$ 延长线于 3 点;以 2 点为圆心,23 为半径画弧交 12 线于 4 点;作 14 线垂直平分线交椭圆长轴于 6 点,交椭圆短轴的延长线于 7 点;分别找到椭圆另外长短半轴的对称点 8 和 9,用直线连接 78、89、69 和 67 点,直线 67、78、89、69 分别为 4 段圆弧的起止位置;分别以 6、8 点为圆心,以 61 线长为半径画弧,又以 7、9 点为圆心,以 72 线长为半径画弧。擦除作图过程线,完成椭圆的作图。

三、弧线连接

弧线连接指用圆弧光滑连接另一直线或圆弧,圆弧连接的关键在于求画出连接圆弧的圆心和切点。如图 1-22 中的两种零件,存在面与面光滑联结,就会涉及圆弧连接的问题。

图 1-22　含弧线联结的机件

（1）用圆弧连接两直线　用圆弧连接两直线的作图方法如图 1-23 所示。

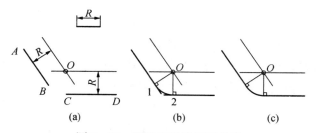

图 1-23　圆弧光滑连接两直线

（2）用圆弧连接直线与弧线　用圆弧连接直线与弧线的作图方法如图 1-24 所示。

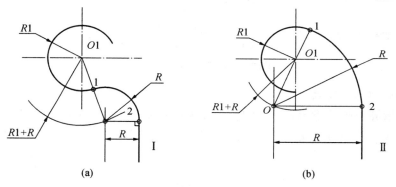

图 1-24　圆弧与另一圆弧和直线光滑连接

（3）弧线与弧线的外切和内切连接　弧线与弧线的外切和内切连接的作图方法如图 1-25 所示。

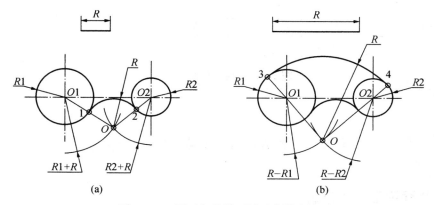

图 1-25　圆弧与另外两圆弧光滑连接

四、斜度与锥度

1. 斜度的概念与标注

斜度是指物体上一直线(或平面)相对另一直线(或平面)的倾斜程度。斜度标注如图 1-26 所示,斜度符号角度为 30°,高度为一字高,标注时倾斜方向要与图形倾斜方向一致,采用指引线标注。但要注意,斜度值都要转换成 1:n 的形式。

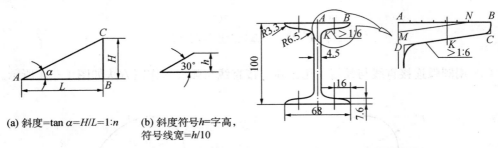

(a) 斜度=tan α=H/L=1:n (b) 斜度符号h=字高,
符号线宽=h/10

图 1-26   斜度的画法与标注

2. 锥度的概念与标注

锥度是指圆锥底面直径与其高度之比,描述的是圆锥素线与轴线的倾斜程度。锥度标注如图 1-27 所示。锥度符号为一等腰三角形,高度为一字高,其他与斜度标注相类似。

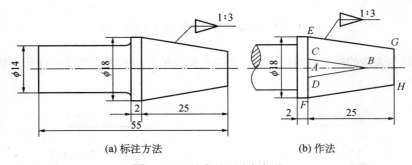

(a) 标注方法   (b) 作法

图 1-27   锥度的画法与标注

1.4   平面图形分析与画法

一、平面图形尺寸分析

平面图形反映的是机件一个方向的视图,所注尺寸按其所起作用可分为定形和定位尺寸两类。有时一个尺寸可以同时兼有定形和定位尺寸的作用。

（1）定形尺寸　指确定平面图形上几何元素形状大小的尺寸，如图 1-28 中的 R50、18 等。

（2）定位尺寸　指确定几何元素之间相对位置的尺寸，如图 1-28 中的 138 和 φ42 等。

（3）尺寸基准　是指标注尺寸的起点，对应物体上的某处，是基于设计、测量、加工、检验要求而选择的物体上的点、线、面。常用的基准有圆心、球心、多边形中心、角点、对称中心线、素线、重要端面或重要的加工面。平面图形长和宽方向至少各有一个尺寸基准。如在图 1-28 中，水平方向的基准是左端圆柱的右端面轴肩处，竖直方向的尺寸基准是手柄的轴线。

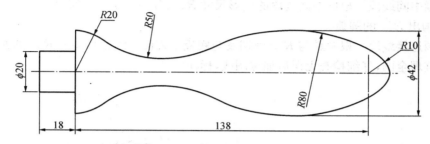

图 1-28　手柄平面图形的画法

二、平面图形的线段分析

（1）已知线段　指定位、定形尺寸齐全的线段，如图 1-29 中的直线 10、R18 圆弧等。

（2）中间线段　指有定形尺寸，但定位尺寸不全的线段，如图 1-29 中的 R30 的圆弧。

（3）连接线段　指只有定形尺寸但没有定位尺寸的线段，如图 1-29 中的 R50 的两段圆弧。

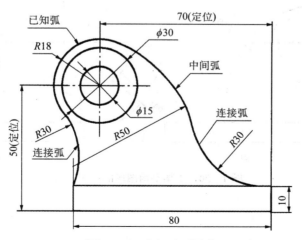

图 1-29　支架平面图形

三、平面图形的绘图步骤举例

图 1-29 所示为支架的平面图形,绘图者选定的水平尺寸基准是底板的右端面,高度方向尺寸基准是支架的底面。绘图步骤如图 1-30 所示:

(1) 画作图基准线 画出底板上尺寸是 80 的水平线和尺寸是 10 的竖直线。

(2) 画已知线段 画出底座的 4 条直线,确定 $\phi15$ 的圆心,画出十字对称中心线及 $\phi30$、$\phi15$、$R18$ 的同心圆(弧)。

(3) 画中间线段 根据中间线段的定形尺寸 $R50$、其中一个定位尺寸 80 及与 $R18$ 圆弧内切关系画出 $R50$ 的圆弧。

(4) 画连接线段 根据其与 $R50$ 外切及与底板上表面直线相切画出 $R30$ 的连接圆弧。

(5) 整理全图,仔细检查无误后加深图线,标注尺寸。

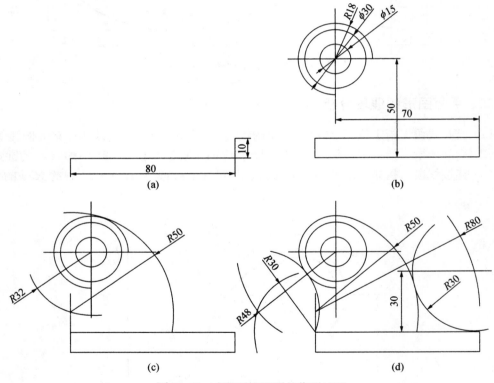

图 1-30 支架平面图形的作图过程

AutoCAD 绘图基础

作为一种绘图工具,计算机辅助绘图自 20 世纪 80 年代开始在设计单位、学校和企业使用,在短短的三十多年时间里得到了迅速发展并广泛普及,图 2-1 所示是 AutoCAD 2012 绘图工作界面,目前软件已更新至 AutoCAD 2014 版,相对较老版本,其功能更为完善、绘图能力更强。作为主要的绘图手段,已经广泛应用于机械、建筑、电子、化工等各个领域。本章结合机械制图要求,介绍 AutoCAD 绘图的一些最实用的方法与技巧。因篇幅限制,不能一一详述,一些作图过程只能由任课教师指导学生完成。本章教学重点是 AutoCAD 的画图命令和编辑命令,教学难点是 AutoCAD 三维造型。由于各专业教学要求及课时不同,教师可决定教学内容的取舍。

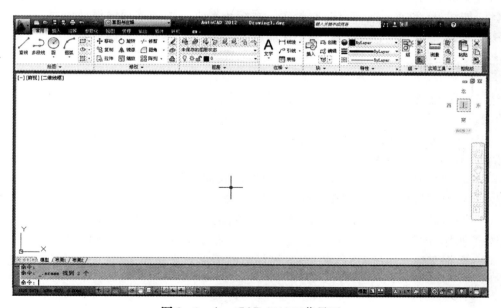

图 2-1 AutoCAD 2012 工作界面

2.1 AutoCAD 软件概述

　　AutoCAD 软件是美国 Autodesk 公司于 1982 年开发的计算机辅助设计软件,由于不断更新,功能更为强大、用户界面更为友好。基于实用够用及教学成本的考虑,本书将以 AutoCAD 2006 版本展开叙述。

一、AutoCAD 主要特点

　　(1) 交互式绘图　用 AutoCAD 绘图,一般不需要编程。它采用交互绘图,只要用户发出指令,系统便会提示下一步的操作,而且只需要简单的回应。因此,该软件简便易学,无需掌握专门的计算机编程语言。

　　(2) 功能强大　AutoCAD 是通用绘图软件,凡是手工能绘制的图样都能用 AutoCAD 绘出,而且作图精度高,许多用手工难以精确的图形都可以用 AutoCAD 轻松绘制。此外,AutoCAD 还具有强大的编辑修改及图形显示功能。

　　(3) 用户界面友好　AutoCAD 采用 Windows 的操作环境,使用方便。文件操作、对话框、菜单、工具栏等结构及使用方法与其他 Windows 环境下的软件相同,并支持 Windows 下的汉字输入。

　　(4) 开放的系统　用户可根据需要自定义工具栏、下拉菜单,以及定义与图形有关的一些属性,如线型、剖面图案、字体、符号等。系统还提供了内嵌式程序设计语言 AutoLISP、ADS 和 ARX 等有效的开发工具,使用户能进行二次开发。

二、主要功能

　　(1) 图形绘制和注释　包括绘制二维图、三维图、尺寸标注、图案填充、文字标注和图块等功能。

　　(2) 图形编辑和修改　可进行删除、恢复、移动、复制、镜像、旋转、阵列、修剪、拉伸、倒角、倒圆、等距线等操作。

　　(3) 辅助绘图　AutoCAD 提供了丰富的辅助绘图工具,设置绘图环境、对象捕捉、极轴捕捉、对象追踪等功能,使绘图操作更加方便、快捷。

　　(4) 图形显示　包括画面缩放、平移、三维视图控制、多视图控制等。

　　(5) 实体造型　可生成基本体素,进行实体的布尔运算操作以及实体的编辑等。

　　(6) 数据交换　通过 DXF 或 IGES 等规范的图形数据转换接口,可与其他软件进行数据交换。

2.2　AutoCAD 基本操作

一、AutoCAD 中文版的界面

根据图 2-2 所示，AutoCAD 2006 工作界面由标题栏、菜单项、状态栏、文本窗口与命令行、工具栏、绘图区等元素组成。

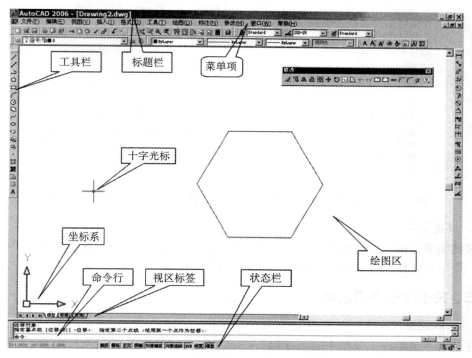

图 2-2　AutoCAD 2006 工作界面

二、在 AutoCAD 中选择命令

在绘图编辑状态，要进行任何一项操作，都必须输入或者选择 AutoCAD 的命令。AutoCAD 提供了键盘输入、工具栏、下拉菜单、快捷菜单等多种输入或选择命令的方法。

1. 工具栏

工具栏是选择某命令最方便的方法，也是初学者常用的方式，可以单击工具栏上的图标按钮来选择命令。AutoCAD 中有多个工具栏，默认状态下只打开常用的几个，使用过程中可根据需要随时打开或关闭某个工具栏，用鼠标右键点击某一工具栏，弹出快捷菜单，选择所需工具栏即可。

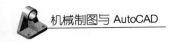

2．键盘

可以用**键盘**输入任何一个 AutoCAD 的命令，方法是在命令行"命令："提示下输入命令名，然后按下回车键或空格键响应。

3．下拉菜单

单击某个菜单，出现**下拉菜单**，可用鼠标选择一菜单项来执行相应命令的操作，如图 2 - 3 所示。

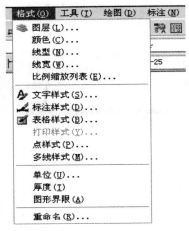

图 2 - 3　AutoCAD 下拉菜单

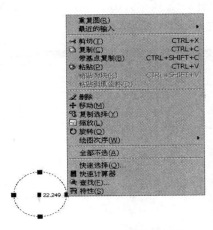

图 2 - 4　AutoCAD 快捷菜单

4．快捷菜单

快捷菜单又称上下文相关菜单。选择对象后，单击鼠标右键，出现快捷菜单，可用鼠标选择一菜单项来执行相应命令的操作，如图 2 - 4 所示。

三、关于命令使用说明

1．选取或输入命令

在选取了菜单或工具栏中的命令后，AutoCAD 会自动中止正在执行的命令，如果是通过键盘键入新命令，要保证在命令窗口后一行的命令已经显示出"命令："提示。如果没显示出"命令："提示，应先按键盘上[Esc]键终止正在执行的操作，进入"命令："提示状态。

2．透明命令

有些命令可以插入绘图或在编辑命令的执行过程中操作，而且这些命令的执行并不影响原来的正常绘图或编辑命令的功能，执行完插入的命令后可继续进行原命令的操作。

3．重复命令

AutoCAD 命令执行结束，自动返回"命令："提示状态，等待用户输入下一命令。如果想重复使用同一命令，只需在提示下直接按回车键或空格键，系统将自动执行前一次的命令，也可在绘图区点击鼠标右键选择"重复命令"。

4．终止命令

如果输入的命令不正确，可用[Esc]键中止该命令。

5. 取消刚才已执行的命令

如果发现所做的操作不符合要求,可输入"U"并回车或单击"标准"工具栏中的放弃按钮 *c* 取消上条命令。

四、AutoCAD 中数据的输入方法

在执行 AutoCAD 命令时,需要通过键盘输入执行该命令所必需的数据。常见的数据有点坐标和数值。

1. 点的坐标输入

点的坐标输入方法及说明,见表 2 - 1。

表 2 - 1　坐标输入方法及说明

方法	格式	说　　明
绝对直角坐标	x, y, z	通过指定相对当前世界坐标系 wcs 中(0,0)坐标原点距离来指定新位置
相对直角坐标	@ x, y, z	通过指定相对上一点的距离来指定新位置
绝对极坐标	L＜α	通过指定相对当前 wcs 中(0,0)点距离 L 和角度 α 来指定新位置
相对极坐标	@ L＜α	通过指定相对上一点的距离 L 和角度 α 来指定新位置

2. 数值的输入

当系统提示输入数值时,可用键盘直接输入,也可通过定标器(如鼠标)指定的两点来输入。

五、用图形界限命令设置图形边界

用**图形界限**(Limits)命令设置绘图区域,相当于手工绘图中选择图纸的大小。根据绘制图形的大小,指定边界左下角坐标及右上角坐标设定绘图界限。开(on)/关(off)选项的功能是控制图形界限的检查。当选择 on 时,打开限制控制,此时系统不接受超出边界的点,即图形元素不能超出界限。Limits 命令的初始状态为 off,表示关闭界限检查,系统停止边界检查。当 AutoCAD 默认的图形界限为左下角点(0,0),右上角点为(420,297)时,即表示左下角点为坐标原点的 A3 图幅。

(1)命令　键盘输入"Limits"并回车,或从格式菜单中选择图形界限命令。

(2)命令提示及选项　指定左下角点或[开(on)/关(off)]＜当前值＞:指定图形界限的左下角点(如坐标原点 0,0)并回车。

(3)指定右上角点"当前值"　输入新的右上角坐标(如 1189,841)并回车,完成 A0 图幅的设定。

六、退出 AutoCAD

退出 AutoCAD 方法:

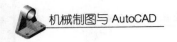

（1）关闭 AutoCAD 窗口。

（2）在命令行键入"QUIT"命令。

（3）选取"文件"菜单的"退出"菜单项。

2.3　AutoCAD 的绘图命令

一、常用的基本绘图命令

　　绘图命令是用于生成图形元素的命令，常用的命令都放在"绘图"工具栏中，如图 2 - 5 所示，有直线、构造线、多线段、正多边形、矩形、圆弧、圆、样条曲线、椭圆、点、图案填充、多行文字、创建块、插入块、表格、面域等命令项，通过选择绘图命令来执行某项画图操作。

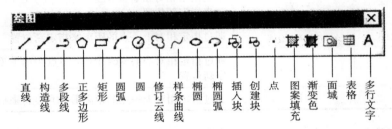

图 2 - 5　AutoCAD 绘图工具栏

　　1. 直线命令

　　点击工具栏中的**直线命令**或键盘输入"Line"或在标准菜单选择画直线的命令。命令行提示"line 指定第一点"，直接用鼠标在屏幕上点击一点或直接用键盘输入第一点的坐标，如（10，5）；命令行又提示"指定下一点"，直接用鼠标在屏幕上点击下一点或用键盘输入第二点的相对坐标，如（@50，20）或输入相对极坐标"@53.85＜22"并回车，完成画直线的过程。符号@及＜在键盘上输入，如图 2 - 6 所示为画直线。

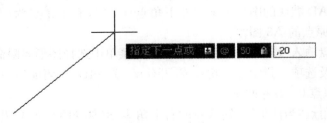

图 2 - 6　画直线

　　2. 正多边形命令

　　点击绘图工具栏中的"正多边形"命令，命令行提示"输入边的数目＜4＞"如输入"7"回车；命令行又提示"指定正多边形中心点"，直接用鼠标在屏幕上点击一点或用键盘输入点的坐标,如(100,50);命令行又提示"输入选项[内接于圆(I)/外切于圆(C)]"输入 I 或 C,提示行提示"输入圆的半径",用键盘输入半径,如 50 并回车,完成作图过程,如图 2-7 所示为画正七边形及其外接圆。

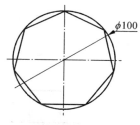

图 2-7　画正七边形

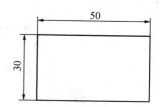

图 2-8　画矩形

3. 矩形命令

点击绘图工具栏中的"矩形"命令,命令行提示"指定第一角点",直接用鼠标在屏幕上点击一点或用键盘输入点的坐标,如(100,50);命令行又提示"输入第二角点",直接用鼠标在屏幕上点击另一点或用键盘输入另一点的坐标(如 140,80)或另一点的相对坐标(如 @40,30)并回车,完成矩形作图过程,如图 2-8 所示为画矩形。

4. 样条曲线命令

图 2-9 左端是画有波浪线,运用样条曲线命令很容易画出这种断裂边界线。

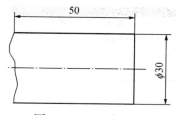

图 2-9　画样条曲线

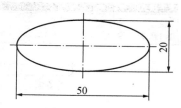

图 2-10　画椭圆

5. 椭圆命令

点击绘图工具栏中的"椭圆"命令图标,命令行提示"指定椭圆的轴端点或[圆弧(A)/中心点(C)]",直接用鼠标在屏幕上点击一点或用键盘输入点的坐标,如(100,50);命令行又提示"输入轴的另一端点",直接用鼠标在屏幕上点击另一点或用键盘输入另一点的相对坐标(如 @50,0);命令行又提示"指定另一半轴的长度或[旋转(R)]",输入另一半轴长度 10 并回车,完成椭圆作图过程,如图 2-10 所示。

6. 图案填充命令

点击绘图工具栏中的"图案填充"命令图标,出现"图案填充"对话框,如图 2-11 所示,选择图案为 ANSI31,角度为 0,比例为 1。右键点击拾取点按钮,在图形填充区域中用鼠标左键单击任何一点并回车,再次回车,完成图形剖面符号填充,如图 2-12 所示。如若要改变剖面符号方向,只需在对话框中的方向选项中选择 90°,其他操作同上。

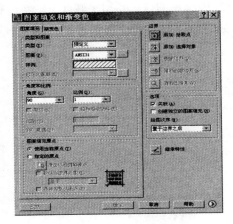

图 2－11　图案填充

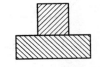

图 2－12　画剖面符号

7．多行文字命令

鼠标左键点击绘图工具栏中的"多行文字"命令图标,命令行提示"指定第一角点",用鼠标在将要书写文字的区域选择一个点;命令行又提示"指定对角点",用鼠标左键在将要书写文字的区域选择另一个点,出现"文字格式"对话框,如图 2－13 所示。用鼠标选择输入法,在对话框中选择字体、字高并输入文字,按【确定】完成文字输入。

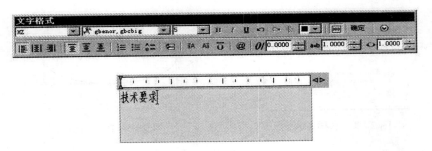

图 2－13　书写多行文字

8．面域命令

点击绘图工具栏中的"面域"命令图标,命令行提示"选择对象",指定图形对象,如矩形,回车,将矩形框转化为一个面。在视图下拉菜单中,选择着色中的面着色,这时平面出现颜色,如图 2－14 所示。

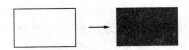

图 2－14　创建面域

9．创建块文件命令

点击绘图工具栏中的"创建块"命令图标,出现"块定义"对话框,输入块名,并选择对象,如绘制的表面粗糙度图形,如图 2－15 所示。又出现对话框,选择插入点,用鼠标在粗糙度图形上选择插入点,按【确定】完成块的创建,如图 2－16 所示。除表面粗糙度需要创建多个块文件外,一般标题栏也需要创建块文件。还有另一种创建块文件的方法,称为**属性块**,先利用"Attdef"命令定义块属性,然后利用"Wblock"命令创建属性块,并保存为块文件。

图 2 - 15 表面粗糙度符号

图 2 - 16 创建表面粗糙度块

10. 插入块文件命令

点击绘图工具栏中的"插入块"命令图标,出现"插入"对话框,如图 2 - 17 所示,选择需要插入的块名,选择【确定】,然后在图形的相应位置插入相应的块。

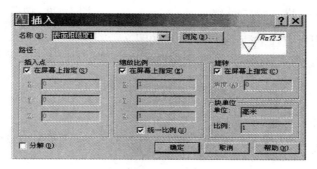

图 2 - 17 插入对话框

二、AutoCAD 命令的执行过程

1. 命令的执行过程

以画圆命令为例说明 AutoCAD 命令的执行过程:

(1) 键盘输入"CIRCLE",并回车。

(2) 命令行提示:指定圆的圆心或[三点(3P)/两点(2P)/相切、相切、半径(T)]。

2. 画圆的步骤

(1) 输入一个点,以该点为圆心画圆,其后命令行续提示"指定圆的半径或[直径(D)]",输入半径值或 D 回车。若输入 D,则后续提示为"指定圆的直径<当前值>",输入直径值并回车。指定圆心画圆,如图 2-18 所示。

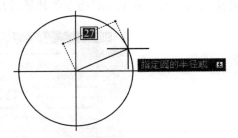

图 2-18 指定圆心画圆

(2) 输入 3P,则以三点形式画圆,如图 2-19 所示。

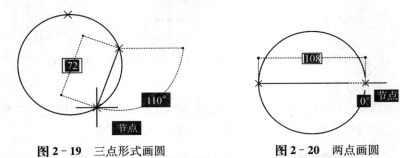

图 2-19 三点形式画圆   图 2-20 两点画圆

(3) 输入 2P,则以直径上两个端点画圆,如图 2-20 所示。

(4) 输入 T,则绘制与两条直线、圆或圆弧相切的已知半径圆,如图 2-21 所示。

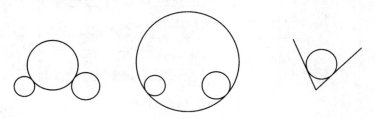

图 2-21 相切关系下画圆

从画圆命令的执行过程可以看出,AutoCAD 命令的执行过程是:首先启动一条命令,这条命令依次以提示的形式提供一系列选项或者提示输入数值,根据选取的选项,可以获得另一组选项或者提示输入值。因此,在使用命令的过程中一定要按提示进行操作。

三、关于命令提示的说明

(1) 在"[ ]"中内容为选项,当一个命令有多个选项时各选项用"/"隔开。

(2) 在"< >"中的选项为默认项(或默认值)。

(3) 在选择所需的选项时,只需键入对应选项的大写字母。

2.4　辅助绘图工具

为了快速准确地作图,AutoCAD 提供了辅助绘图工具,用户可以单击位于屏幕下方的状态栏中的相应按钮,方便地开启或关闭这些辅助绘图工具。辅助绘图工具包括光标坐标、捕捉、栅格、正交、极轴、对象捕捉、对象追踪、线宽、模型/图纸等。

1. 光标坐标

在状态栏的最左侧,动态显示光标的当前坐标,光标移动,动态坐标随之改变,显示改变后光标位置的新坐标,如图 2-22 所示。

图 2-22　AutoCAD 状态栏

2. 对象捕捉

【对象捕捉】按钮在状态栏的中间,按下【捕捉】按钮或按下[F3]可开启或关闭对象捕捉功能。对象捕捉是常用的精确画图的辅助工具,通过右键功能可对捕捉功能进行相应设置,如图 2-23 所示。

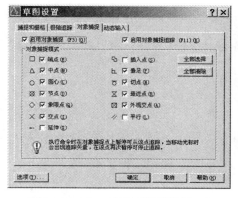

图 2-23　AutoCAD 草图设置(一)

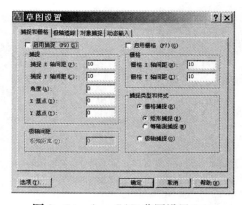

图 2-24　AutoCAD 草图设置(二)

3. 栅格

单击状态栏上的【栅格】按钮或按下[F7]键可控制栅格的开启或关闭。栅格的作用是使屏幕上绘图边界内显示有固定间距的小点,类似手工绘图中画草图用的方格纸。栅格的间距可通过右键,也可通过输入"Gird"或下拉工具菜单中的"草图设置"对话框调整,如图 2-24 所示。

4. 捕捉

【捕捉】按钮在状态栏的左侧第二个,按下【捕捉】按钮或按下[F9]可开启或关闭栅格捕

捉功能。捕捉的作用是使光标定位到某些固定间距的"热点"上,如栅格捕捉,通过这个固定的间距可控制绘图的精度。通过右键功能可对捕捉功能进行设置。

5. 正交

单击状态栏上的【正交】按钮或按下[F8]键可控制正交模式的开启或关闭。正交模式下使用定标设备(如鼠标)只能画水平线或垂直线。

6. 极轴

单击状态栏上的【极轴】按钮或按下[F10]键,执行极轴追踪。

7. 对象追踪

单击状态栏上的【对象追踪】按钮或按下[F11]键,可执行极轴追踪功能。对象追踪必须与对象捕捉同时使用。

2.5 图形显示命令

AutoCAD 提供了多种显示方式,以满足用户观察图形的不同要求。二维图形显示方式控制操作可通过"Zoom"命令或在"视图(V)"菜单中选取"缩放(Z)"下拉菜单中的菜单项来实现,最简便的方法是用"标准"工具栏右侧控制图形显示工具。常用控制图形显示的菜单和工具栏如图 2-25 所示。

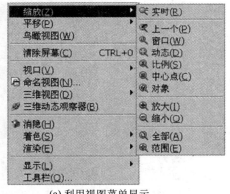

(a) 利用视图菜单显示   (b) 利用标准工具栏中缩放按钮显示

图 2-25 常用的图形显示工具

1. 实时平移

按下工具条上按钮 时光标变为手状,单击画面中的任意一点,并拖曳手状光标或滚动鼠标滚轮,便可实时平移画面或缩放画面。按[Esc]键或按[Enter]键可退出平移状态,也可点击鼠标右键激活快捷菜单,从该菜单中选择退出或切换到其他操作。

平移画面更简便的方式是利用滚动条,在 AutoCAD 中,利用滚动条进行滚动的方式与其他 Windows 程序中所使用的方式完全相同。

2. 实时缩放

按下按钮 ⊕ 时光标变为放大镜状,此时可实时缩放显示图形。单击图形中的任意一点,并向上拖曳放大镜状光标可放大图形,向下拖曳则缩小图形。也可使用滚轮控制图形放大或缩小。按[Esc]或按[Enter]键可退出"缩放"命令,也可点击鼠标右键激活快捷菜单,从该菜单中选择退出或切换到其他操作。

3. 缩放窗口

按住按钮 ⊖ 不放,会弹出工具栏,这些工具栏的作用如下:

(1) 🔍　指定窗口作为缩放区域,满屏幕显示窗口内的所有实体。

(2) 🔍　用一方框动态确定显示范围。

(3) 🔍　按比例缩放图形。数值后跟"X"时,是指相对当前显示区的比例。

(4) 🔍　用指定中心和高度的方法定义一个新的显示窗口。

(5) 🔍　尽可能大地显示一个或多个选定的对象,并使其位于绘图区域的中心。

(6) ⊕　显示放大一倍。

(7) ⊖　显示缩小 50%。

(8) 🔍　按当前图形界限显示整个图形,如果图形超过了界限范围,则按当前图形使用的最大范围满屏幕显示。

(9) ⊕　根据图形大小调整显示窗口。

4. 恢复

按下按钮 🔍 可以恢复上一次画面的大小,再执行一次则可恢复到更前面一次的画面。

2.6　图形编辑命令

一、选择对象

执行编辑修改命令时,应先选择对象。AutoCAD 中选择对象的方式有多种,最常用的是以下两种。

(1) 单选　直接用鼠标单击图形对象,被选中的图形变成虚线并显示夹点,可连续选中多个对象。

(2) 指定矩形选择区域　当命令行提示为"选择对象"时,按下鼠标左键并拖动鼠标可形成矩形框,根据鼠标拖动的方向不同,形成不同的选择方式,如图 2 - 26 所示。

鼠标由左向右拖动形成实线矩形框,称为**窗口选择**,选择完全位于矩形区域中的对象;鼠标由右向左拖动形成虚线矩形框,称为**交叉选择**,选择矩形区域包围或相交的对象;可以

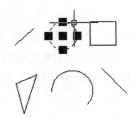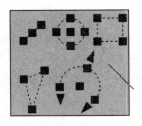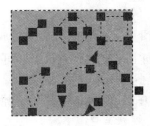

图 2-26 AutoCAD 选择对象的两种方式

通过按住[Shift]键,同时单选已选择的对象取消选择。

二、常用图形的编辑命令

图形编辑功能是计算机绘图的优势。AutoCAD 具备强大的图形编辑能力,常用的编辑命令在"修改"工具栏上,AutoCAD 修改工具栏如图 2-27 所示。在众多的编辑命令中,有些命令的功能是类似的,同一图形结果可以用不同的绘图方法得到,但有些方便,有些烦琐。要快速、准确地作图,必须熟悉每一命令的功能和用法。

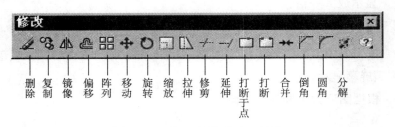

图 2-27 AutoCAD 修改工具栏

(1)删除命令(Erase) 其功能是删除指定的图形实体。还可通过键盘上[Delete]键删除指定的图形实体。

(2)复制命令(Copy) 其功能是复制图形实体。如图 2-28 所示,由一个圆在指定位置复制 3 个大小相等的圆。

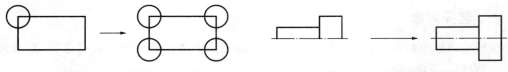

图 2-28 图形复制   图 2-29 图形镜像复制

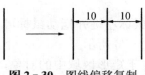

图 2-30 图线偏移复制

(3)镜像复制命令(Mirror) 其功能是将图形实体镜像复制,如图 2-29 所示。

(4)偏移复制命令(Offser) 其功能是对一个选择的图形实体生成等距线。如图 2-30 所示,作等距平行线。

(5)阵列复制命令(Array) 其功能是阵列复制图形实体,分矩形阵列和环形阵列复制实体。如图 2 - 31 所示,矩形阵列复制 11 个同样大小的圆;如图 2 - 32 所示,环形阵列复制 5 个同样大小的圆。

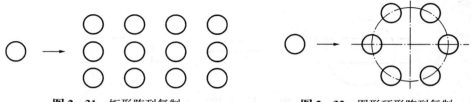

图 2 - 31　矩形阵列复制　　　　　图 2 - 32　图形环形阵列复制

（6）平移命令（Move）　其功能是将图形实体从一个位置移动到另一位置。如图 2 - 33 所示,平移矩形和圆的左右位置。

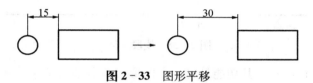

图 2 - 33　图形平移

（7）旋转命令（Rotate）　其功能是使图形实体绕给定点旋转一定角度。如图 2 - 34 所示,按一定角度旋转的图形。

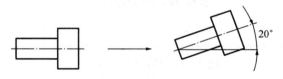

图 2 - 34　图形旋转

（8）比例缩放命令（Scale）　其功能是放大或缩小图形实体。如图 2 - 35 所示,将图形放大至原图形的 3 倍。

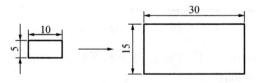

图 2 - 35　图形比例缩放

（9）拉伸命令（Stretch）　其功能是拉伸图形中指定部分,使图形沿某个方向改变尺寸,但保持与原图形不动部分相连。如图 2 - 36 所示,将左侧矩形拉长了 15 mm。

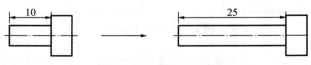

图 2 - 36　图形拉伸

(10) 剪切命令(Trim)　其功能是以选定的一个或多个实体作为剪切边,剪切过长的直线或圆弧等,被切实体在与剪切边交点处被切断并删除。如图 2-37 所示,剪除圆内、外多余的线条。

图 2-37　线段剪切

(11) 延伸命令(Extend)　其功能是延伸实体到已选定的边界上。如图 2-38 所示,将左侧的直线延长到右侧的直线处。

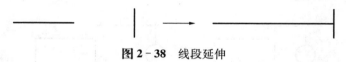
图 2-38　线段延伸

(12) 打断命令(Break)　其功能是将一个图形实体分解为两个或者删除某一部分。如图 2-39 所示,将一个直线打断为两段;如图 2-40 所示,将一条直线在中间指定位置打断一截。

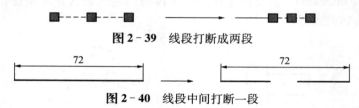
图 2-39　线段打断成两段

图 2-40　线段中间打断一段

(13) 合并命令(Join)　其功能是将对象合并以形成一个完整的对象。如图 2-41 所示,将两段直线合并成一条直线。

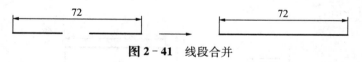
图 2-41　线段合并

(14) 倒角命令(Chamfer)　其功能是两条不平行的直线间生成斜角。如图 2-42 所示,将矩形直角进行倒角和倒圆。

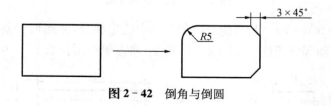
图 2-42　倒角与倒圆

(15) 倒圆命令(Fillet)　其功能是用圆弧平滑连接两个图形实体,如图 2-42 所示。

（16）分解命令（Explode）　其功能是将复杂的图形实体块分解为基本的图形实体。如图 2-43 所示,将一个矩形实体分解为 4 条直线。

图 2-43　图线分解

（17）创建多段线　下拉修改菜单,选择对象中多段线,命令提示"选择多段线或[多条（M）]",输入 M 并回车,命令行提示"选择对象"。用鼠标选择所画的多条线,命令行提示"是否将直线或圆弧转化为多段线? [是（Y）/否（N）]? 〈Y〉",直接回车,命令行提示"输入选项[合并（J）...]",输入 J 并回车,并再次回车两次,便将多条线转化为多段线,如图 2-44 所示。

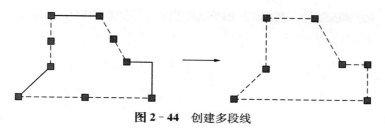

图 2-44　创建多段线

三、用夹点编辑

单击图样对象,即选中该图形对象,此图形变虚并显示夹点（蓝色的小方框代表的点）。这些夹点定义了图形对象的位置和几何形状,其中某些点的位置变动将使它所定义的图形对象的位置或形状发生改变。当图形被选中时,单击想编辑的夹点,此时该夹点由蓝色的小方框变为实心的红色小方块,表示进入夹点编辑状态（这种夹点称为热点）。夹点编辑共有 5 种方式,即复制、移动、旋转、比例缩放和删除,如图 2-45 所示。

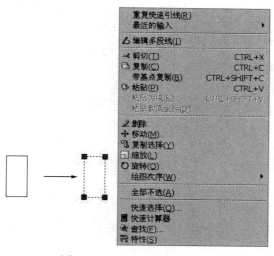

图 2-45　夹点编辑快捷菜单

2.7 尺 寸 标 注

一、AutoCAD 中常见的尺寸标注命令

AutoCAD 提供了一种半自动化的标注功能,标注过程中,能自动测量被标注对象的长度或角度,并以用户希望的格式生成尺寸标注文体。被标注的对象不同,则所采用的命令也不同。图 2-46 所示为"标注"工具栏,其上有线性、对齐、弧长、坐标、直径、半径、角度、基线、继续标注、公差、编辑标注、编辑标注文字、标注样式控制、标注样式等尺寸标注命令。

图 2-46 标注工具栏

(1) 线性标注　执行线性标注命令,完成矩形尺寸标注,如图 2-47 所示。
(2) 对齐标注　执行对齐标注命令,完成倾斜直线的尺寸标注,如图 2-48 所示。

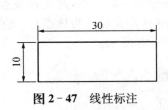

图 2-47 线性标注　　　　　图 2-48 对齐标注

(3) 半径标注　半径标注如图 2-49 所示。
(4) 直径标注　直径标注如图 2-50 所示。
(5) 弧长标注　弧长标注如图 2-51 所示。

 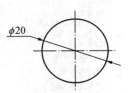 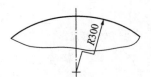

图 2-49 半径标注　　　图 2-50 直径标注　　　图 2-51 弧长标注

（6）折弯标注　折弯标注如图 2 - 52 所示。

（7）角度标注　角度标注如图 2 - 53 所示。

图 2 - 52　折弯标注

图 2 - 53　角度标注

（8）基线标注　基线标注如图 2 - 54 所示。

（9）继续标注　继续标注如图 2 - 55 所示。

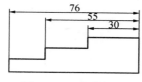

图 2 - 54　基线标注

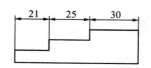

图 2 - 55　继续标注

（10）快速引线标注　快速引线标注如图 2 - 56 所示。

（11）引线与公差标注　引线与公差标注如图 2 - 57 所示。

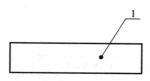

图 2 - 56　快速引线标注

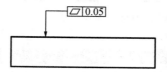

图 2 - 57　引线与公差标注

二、尺寸标注样式

　　AutoCAD 中,尺寸标注是由一组参数控制,这组参数是一系列系统变量,决定了图样上尺寸的最终样式。系统变量的一组值构成一个尺寸标注样式,改变其中一个值都将产生一个新的尺寸标注样式。用户可建立自己的标注样式,并为之命名。尺寸样式的设定可通过格式菜单中的尺寸样式命令打开“标注样式管理器”对话框进行。具体设置过程及对话框,如图 2 - 58~图 2 - 64 所示。

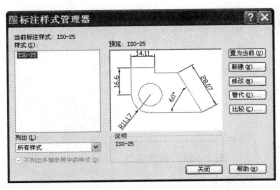

图2-58 修改标注样式对话框(一)

图2-59 修改标注样式对话框(二)

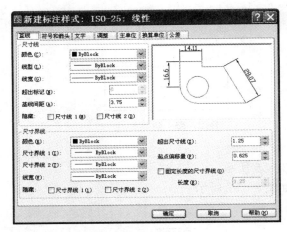

图2-60 修改标注样式对话框(三)

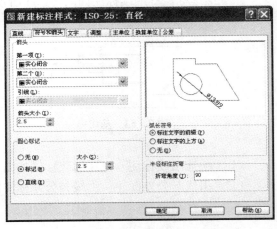

图2-61 修改标注样式对话框(四)

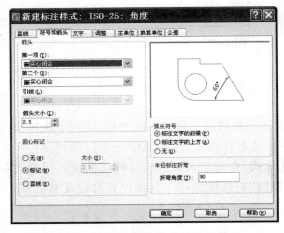

图2-62 修改标注样式对话框(五)

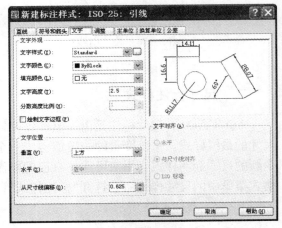

图2-63 修改标注样式对话框(六)

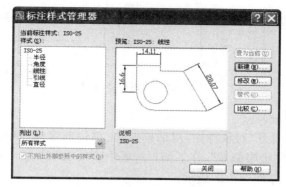

图 2-64　修改标注样式对话框(七)

三、尺寸编辑

　　图样上尺寸标注好后,若发现有错误或不合适,可通过编辑命令修改。修改尺寸的方式很多,最常用的快捷方式是夹点编辑及"标准"工具栏中的"特性"命令,如图 2-65 所示,"对象特性"对话框如图 2-66 所示。在 AutoCAD 中,有些特殊符号不能用标准键盘直接输入,但是可以使用某些替代形式输入这些符号,常用的符号见表 2-2。

对象特性

图 2-65　标准工具栏

表 2-2　键盘输入特殊符号

%%C	注写直径符号 φ
%%P	注写"±"符号
%%O	开始/关闭字符的上划线
%%D	注写"°"角度符号
%%%	注写百分比符号%
%%U	开始/关闭字符的下划线

图 2-66　对象特性对话框

1. 编辑直径尺寸

　　选择线性尺寸 10,打开"对象特性"对话框,在主单位前级选项中输入"%%C"并回车,完成尺寸编辑,如图 2-67 所示。

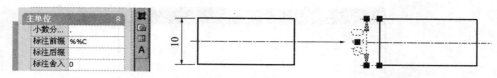

图 2-67　编辑直径尺寸

2. 编辑尺寸公差(一)

选择线性尺寸 10,打开"对象特性"对话框,在主单位前缀选项中输入"%%C",然后在公差的显示公差中选择"极限偏差",在下偏差选项中输入 0.025、在上偏差选项中输入 0.016 并回车,完成尺寸编辑,如图 2-68 所示。

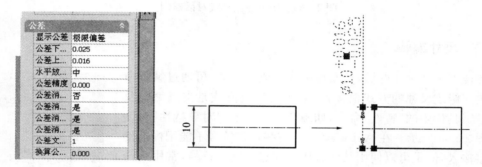

图 2-68　编辑尺寸公差(一)

3. 编辑尺寸公差(二)

选择尺寸 10,点击标准工具栏中的"特性"命令,弹出对话框,在主单位的前缀选项中输入"%%C"、后缀选项中输入"f7"并回车,完成尺寸编辑,如图 2-69 所示。

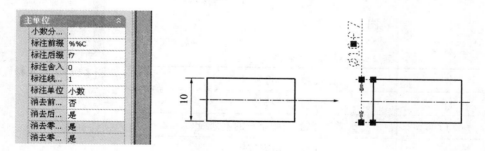

图 2-69　编辑尺寸公差(二)

4. 编辑装配尺寸

在点击标注"线性尺寸"的命令后,提示选择对象,选择对象的同时根据命令行提示"多行文字(M)",输入"M",出现文字格式对话框,在对话框中输入"%%C10H7/h6(0.025⌐—0.012)";然后分别选择 H7/h6 和 0.025⌐—0.012,在文字格式对话框中按 a/b 进行堆叠,完成基本的尺寸标注。注意:符号⌐由键盘输入,然后选择此尺寸,打开对象特性对话框,在公差选项中选择水平放置公差位置"中",回车,完成尺寸编辑,如图 2－70 所示。

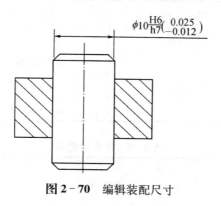

$$\phi10\frac{H6}{h7}\left(\begin{array}{c}0.025\\-0.012\end{array}\right)$$

图 2－70　编辑装配尺寸

2.8　制作图样样板文件

样板文件是以"dwt"为扩展名的文件。该文件中,通常包含与绘图有关的常用设置,如图层、线型、文字样式、尺寸标注样式等,此外还包括一些通用的图样对象,如标题栏、图框、图块等。利用样板图创建新图形,可避免每次绘制新图形时都要进行的有关绘图设置、绘制相同对象等重复操作,不仅提高了工作效率,而且保证了图形的一致性。

一、《CAD 工程制图规则》简介(GB/T18229—2000)

国标《CAD 工程制图规则》是工程图样相关规则,用于计算机绘图的补充规定,是指导 CAD 绘图、开发与应用的标准,绘制 CAD 图样应遵守。

(1)图线组别　图线宽度可按表 2－3 分为 5 组,一般优先采用第四组。

表 2－3　图线宽度的组别

组别	1	2	3	4	5	一般用途
线宽 /mm	2.0	1.4	1.0	0.7	0.5	粗实线、粗点画线、粗虚线
	1.0	0.7	0.5	0.35	0.25	细实线、波浪线、双折线、细虚线、细点画线、细双点画线

(2)图线的颜色　屏幕上显示的图线,一般应按表 2－4 中提供的颜色显示,并要求相同类型的图线采用同类的颜色。

(3)字体　数字和字母一般应斜体输出,汉字一般用正体输出,并采用国家正式公布和推广的简化字。小数点和标点符号(除省略号和破折号为两个字位外)均为一个符号一个字位。字体与图纸幅面之间的选用关系,见表 2－5。

表 2 - 4 图线颜色

图线类型	屏幕上颜色	图线类型	屏幕上颜色
粗实线	白色	细虚线	黄色
细实线	绿色	细点画线	红色
波浪线		粗点画线	棕色
双折线		细双点画线	粉红

表 2 - 5 字号的选择

字号 ＼ 图幅	A0	A1	A2	A3	A4
字母与数字			3.5		
汉字			5		

（4）线型的分层 图样中的各种线型在计算机中的分层标识,可参照表 2 - 6。

表 2 - 6 CAD 工程制图图层管理规定摘录(GB/T18229—2000)

层号	描述	层号	描述
01	粗实线	08	尺寸线、投影连线、尺寸终端与符号细实线
02	细实线、波浪线、双折线	09	参考圆,包括引出线和终端(如箭头)
03	粗虚线	10	剖面符号
04	细虚线	11	文本(细实线)
05	细点画线	12	尺寸值和公差
06	粗点画线	13	文本(粗实线)
07	细双点画线	14、15、16	用户选用

二、图层

在 AutoCAD 图形文件中,每种实体都有**属性**,包括图层、线型、颜色等。AutoCAD 中,线型等图形组织是通过属性的控制来实现的。

1. 基本概念及特点

图层可想象为没有厚度的透明薄片。应将具有相同属性(颜色、线型等)的实体放在一个图层中,一幅图可分解为若干个不同的图层。将所有的图层叠加在一起,就可显示出整个图形。图层的特点是:

（1）可由用户命名各设置图层。系统提供初始设定的图层为 0 层。

（2）当前作图所在的图层称为**当前层**。当前层只能是一个，但当前层可以切换。

（3）每设定一个图层，即设定了该图层的颜色和线型，图层的颜色和线型可修改。一般来说，在一个图层上绘制图样，应具有该图层的颜色和线型。

（4）各图层具有相同的坐标系，可精确地相互对齐。

（5）图层可管理，包括：①打开/关闭：关闭的图层上的实体不可见；②冻结/解冻：冻结的图层上实体不可见，并且在重新生成图形时不参与计算，不能设置为当前层；③锁定/解锁：锁定的图层上的实体可见，但不能编辑。

2．图层、线型、颜色的设置

单击"图层"工具栏中的图标，弹出"图层特性管理器"对话框，如图 2-71 所示。

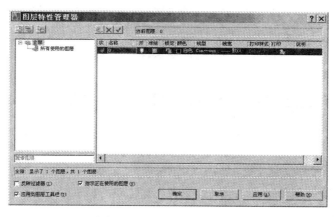

图 2-71　图层特性管理器

（1）设置图层　在图层特性管理器中，设置图层。

（2）调入线型　调入线型操作如图 2-72 和图 2-73 所示。

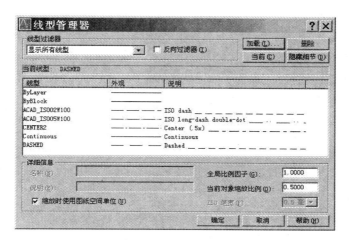

图 2-72　线型管理器

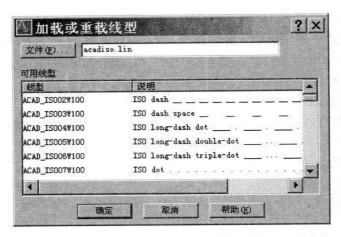

图 2-73 加载或重载线型

（3）当前层的切换 可根据图层工具栏进行图层的切换。图 2-74 所示为"图层"工具栏，当前图层为 0 层。

图 2-74 图层工具栏

三、作样板图

1. 样板图的作用

用 AutoCAD 绘制工程图样时，首先应利用 AutoCAD 软件的功能及其提供的资源，为工程图样的设计、绘制创造一个初始的环境，该过程为工程图纸的初始化，一般包括下列内容：

（1）设置常用的图层。

（2）选定图幅与比例。

（3）设置使用的线型。

（4）设置标题栏、明细栏。

（5）设置工程标注用的字体、字样及字号。

（6）设置常用的图样符号。

（7）设置其他有关参数。

上述工作通常采用样板图图形符号库及设置系统变量等完成。制作样板图可避免许多重复的工作，且便于标准及文件的调用。

2. 样板图的制作

下面以制作 A4 图幅的样板图为例，说明样板图的制作方法：

（1）设置图形边界 在"格式"下拉菜单中，选择"图形界限"菜单项，输入左下角坐标

"0，0"，右上角坐标为"297，210"。

（2）设置图层 单击"对象特性"工具栏中的按钮 ，在"图层特性管理器"对话框中，根据 CAD 制图标准，建立表 2-7 所列的图层和线型。在"图层特性管理器"窗口中，可设置常用图层，如图 2-75 所示。利用"图层"工具栏进行图层切换，如图 2-76 所示。

表 2-7 层的要求

图层名	线型	颜色	说明	图层名	线型	颜色	说明
01	Continuous	白	粗实线	08	Continuous	绿	尺寸标注
02	Continuous	绿	细实线	10	Continuous	绿	剖面符号
04	Acad_iso02w100	黄	细虚线	11	Continuous	绿	文体（细实线）
05	Center2	红	细点画线	14	Continuous	白	图框、标题栏
07	Acad_iso05w100	粉红	细双点画线				

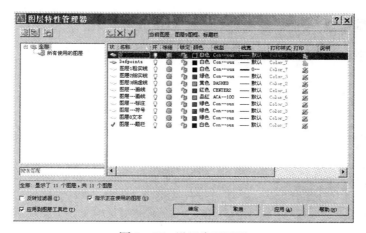

图 2-75 设置常用图层

图 2-76 利用图层工具栏进行图层切换

（3）文字样式的设置　设置两种文字样式,分别用来书写汉字和数字、字母。设置方法如下：

在"格式"菜单中选择"文字样式"菜单项,弹出"文字样式"对话框,如图2-77所示。

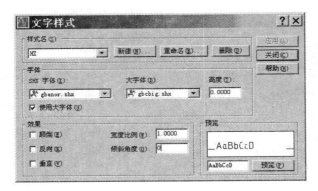

图 2-77　文字样式对话框（一）

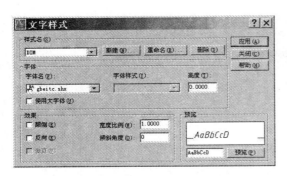

图 2-78　文字样式对话框（二）

单击文字样式对话框中的【新建】按钮,在弹出的"新建文字样式"对话框"样式名"栏目中输入"HZ"作为汉字样式名,单击【确定】按钮返回文字样式对话框。选中"使用大字体",在"SHX字体"下拉列表框中选择"gbenor. shx"（国际工程字）,在"大字体"下拉列表中选择"gbcbig. shx",单击【应用】按钮。再按上述步骤设置名称为"DIM"样式,作为注写数字和字母的样式名,字体选择"gbeitc. shx"（国标斜体字）,单击【关闭】按钮退出对话框完成设置,如图2-78所示。

（4）设置尺寸标注样式　单击"标注"工具栏中尺寸【标注样式】按钮,如图2-79所示,弹出"修改标注样式"对话框,单击"文字"标签,将文字样式设置为"DIM",在"文字对齐"选项区域中选中"ISO标准"单选项,结果如图2-80所示。其他选项卡的内容可根据需要设置。

图 2-79　标注样式工具栏

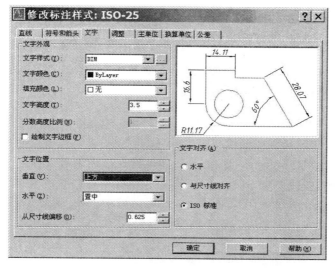

图 2-80　修改标注样式对话框

（5）保存样板图　下拉文件菜单，选择"另存为"命令，弹出"图形另存为"对话框，如图 2-81 所示。在文件类型下拉列表框中选 AutoCAD 图形样板文件（∗.dwt），在文件名文本框中键入"A4 样板图"，单击【保存】按钮，这时屏幕出现"样板说明"对话框，键入样板文件的描述，并选择测量单位。

图 2-81　图形另存对话框

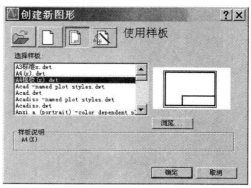

图 2-82　使用样板创建新图形

（6）样板图的调用　使用 New 命令，或单击按钮 ▢，弹出"选择样板"对话框，选择其中的样板文件。这时所画的图形便以所选择的样板图为样板，如图 2-82 所示。

2.9 绘制正等轴测图

一、正等轴测图的 3 种轴测模式

AutoCAD 为绘制轴测图创建了一个特定的环境。在这个环境中,系统提供了绘制正等轴测图的辅助工具,这就是**轴测图绘制模式**(简称轴测模式)。设置轴测模式可以在"草图设置"对话框中进行,也可以用 Snap(栅格)命令中的样式选项进行设置。

在状态栏【栅格】按钮上点击鼠标右键,弹出快捷菜单;选择"设置"菜单项,弹出"草图设置"对话框,如图 2‐83 所示。在"捕捉类型"选项区域中选中"等轴测捕捉",单击【确定】按钮,退出该对话框,此时十字光标变成等轴测捕捉模式,如图 2‐84 所示。

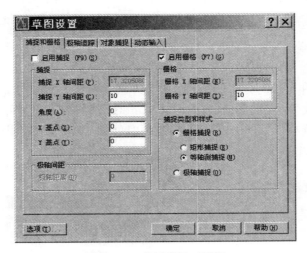

图 2‐83 草图设置对话框

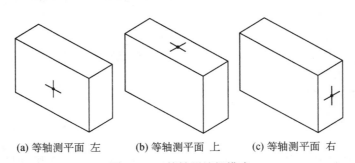

(a) 等轴测平面 左 (b) 等轴测平面 上 (c) 等轴测平面 右

图 2‐84 等轴测捕捉模式

在轴测模式下,用键盘上[F5]键或[Ctrl]+[E]组合键,可按"等轴测平面 左"、"等轴测平面 上"、"等轴测平面 右"的顺序循环切换,相应的光标上的两条线分别对应正等轴测的方向。需要注意的是,轴测模式仅仅改变了光标的显示状态,是辅助绘图工具,并没有改变 AutoCAD 的系统坐标,此时 X、Y 坐标仍然是水平和垂直方向的。

二、正等轴测模式下圆的绘制

当捕捉处于正等轴测方式时,画椭圆命令 Ellipse 中显示"等轴测圆(I)"选项,这时可以绘制与参考坐标面平行的圆的轴测图,如图 2－85 所示。

(a) 水平圆　　　　(b) 正平圆　　　　(c) 侧平圆

图 2－85　水平圆、正平圆和侧平圆的正等轴测图

三、绘图举例

轴承座轴测图画图过程如图 2－86 所示。

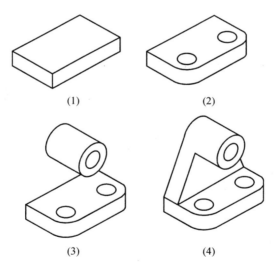

(1)　　　　　　　　(2)

(3)　　　　　　　　(4)

图 2－86　轴承座轴测图画图过程

2.10　三维实体造型

实体造型是构建具有真实感对象的过程。AutoCAD 具有一定的三维实体功能,利用

AutoCAD 可以创建长方体、球体、圆柱、圆环、圆锥、楔体等基本体素,也可通过拉伸、旋转的方法将二维对象创建成三维实体,并可对三维对象进行布尔运算等编辑操作,从而构建复杂的实体模型。对于从事机械设计的人员来说,是一个重要的知识点,非设计人员通过学习三维实体造型,也可提高物体的空间感。

一、三维建模界面

运行 AutoCAD 软件,首先是进入二维平面绘图空间,Z 坐标始终为 0。下拉视图菜单,选择三维视图中的西南等轴测命令,进入三维绘图界面,如图 2-87 所示。要进行三维建模,必须调用相应的工具栏。光标指向任一工具栏并单击右键,出现工具栏对话框,如图 2-88 所示,可选择相应的工具栏。常用的工具栏有实体、实体编辑、用户坐标系 UCS、着色等。

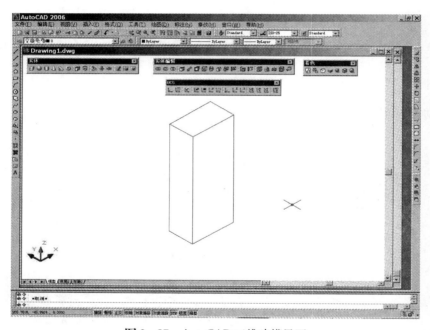

图 2-87　AutoCAD 三维建模界面

图 2-88　工具栏对话框

二、创建三维实体

"实体(建模)"工具栏图如图 2-89 所示,"着色"工具栏如图 2-90 所示。

图 2-89　实体(建模)工具栏图

图 2-90　着色工具栏

1. 画长方体

用鼠标左键在实体(建模)工具栏中选择"长方体"命令,命令行提示"指定长方体的角点或中心点",用鼠标在绘图区域单击一点或用键盘输入一点(如 100,100,50)并回车;命令行又提示"指定长方体的另一角点[长方体(C)/长度(L)]",用鼠标在绘图区域单击另一点或输入另一点(如 @50,50,20)并回车,完成长方体作图。点击"着色"工具栏为长方体表面着色,其图形如图 2-91 所示。

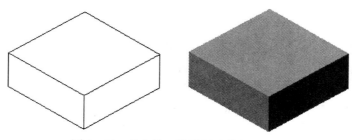

图 2-91 长方体三维线框及其表面着色

2. 画球

用鼠标左键在实体(建模)工具栏中选择"画球"命令,命令行提示"指定球体的球心",用鼠标在绘图区域单击一点或用键盘输入一点(如 100,100,50)并回车;命令行又提示"指定球的半径",输入球的半径 50 并回车,完成作图。如图 2-92 所示,用鼠标单击"着色"工具栏中的相应命令,完成球表面着色。

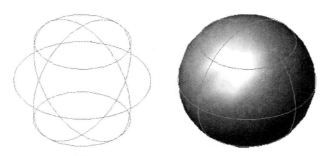

图 2-92 球体三维线框及其着色

3. 画圆柱

用鼠标左键在实体(建模)工具栏中选择"画圆柱"命令,命令行提示"指定圆柱体底面的中心点或[椭圆(E)]〈0,0,0〉",用鼠标在绘图区域单击一点或用键盘输入一点(如 100,100,50)并回车;命令行又提示"指定圆柱底面的半径或[直径(D)]",输入圆柱的半径 50;命令行又提示"输入圆柱高度或[另一圆心(C)]",输入圆柱高度值并回车,完成作图。如图 2-93 所示,鼠标单击"着色"工具栏中的相应命令,完成圆柱表面着色。

4. 画圆锥

用鼠标左键在实体(建模)工具栏中选择"画圆锥"命令,命令行提示"指定圆锥体底面的

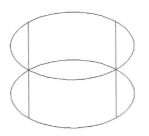

图 2 - 93   圆柱

中心点或[椭圆(E)]〈0，0，0〉"，用鼠标在绘图区域单击一点或用键盘输入一点(如 100，100，50)并回车；命令行又提示"指定圆锥底面的半径或[直径(D)]"，输入圆锥的半径 50；命令行又提示"输入圆锥高度或[顶点(A)]"，输入圆锥高度值并回车，完成作图。如图 2 - 94 所示，鼠标单击"着色"工具栏中的相应命令，完成圆锥表面着色。

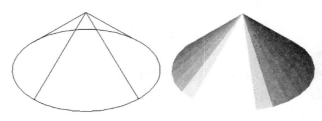

图 2 - 94   圆锥

5. 画楔体

用鼠标左键在实体(建模)工具栏中选择"画楔体"命令，命令行提示"指定楔体的第一个角点或[中心点(CE)]〈0，0，0〉"，用鼠标在绘图区域单击一点或用键盘输入一点(如 0，0，0)并回车；命令行又提示"指定角点或[立体体(C)/长度(L)]"，输入楔体的另一角点(100，50，10)并回车，完成作图。如图 2 - 95 所示，用鼠标单击"着色"工具栏中的相应命令，完成楔体表面着色。

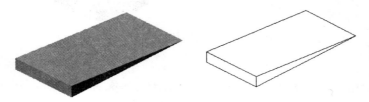

图 2 - 95   楔体

6. 画圆环

用鼠标左键在实体(建模)工具栏中选择"画圆环"命令，命令行提示"指定圆环体中心〈0，0，0〉"，用鼠标在绘图区域单击一点或用键盘输入一点(如 10，10，20)；命令行又提示"指定圆环体半径或[直径(D)]"，输入圆环体的半径；命令行又提示"指定圆环体圆管的半径或［直径（D）］"，输入圆环体的半径，完成作图。如图 2-96 所示，鼠标单击"着色"工具栏中的相应命令，完成圆环表面着色。

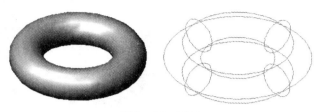

图 2-96　圆环

7. 拉伸

用鼠标左键在实体（建模）工具栏中选择"拉伸"命令，命令行提示"指定对象"，用鼠标分别选择矩形、圆和多边形（多边形必须是多段线）；命令行又提示"指定拉伸高度或［路径（P）］"，输入拉伸高度值，如 20；命令行又提示"指定拉伸的倾斜角度〈0〉"，回车，完成作图。如图 2-97、图 2-98 所示，鼠标单击"着色"工具栏中的相应命令，完成拉伸实体表面着色。

图 2-97　平面矩形、圆和平面多边形

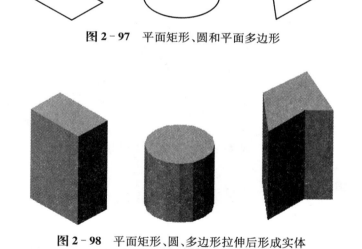

图 2-98　平面矩形、圆、多边形拉伸后形成实体

8. 旋转

用鼠标左键在实体（建模）工具栏中选择"旋转"命令，命令行提示"指定对象"，用鼠标分别选择多边段（多边形必须是多段线）并回车；命令行又提示"定义轴依照［对象（O）/X 轴（X）/Y（Y）］"，指定定义旋转轴位置；命令行又提示"指定旋转角度〈360〉"，输入旋转角度 250°并回车，完成作图。如图 2-99、图 2-100 所示，鼠标单击"着色"工具栏中的相应命令，完成旋转实体表面着色。

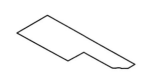

图 2 - 99　作平面多线段　　　图 2 - 100　多线段经旋转 250°形成的实体

9. 剖切

用鼠标左键在实体(建模)工具栏中选择"剖切"命令,命令行提示"指定对象",用鼠标点击实体,回车,指定切面上第一个点,依照[对象(O)/Z 轴(Z)/视图(V)/XY 平面(XY)/YZ 平面(YZ)/ZX 平面(ZX)/三点(3)]〈3〉,输入 XY;命令行又提示"指定 XY 平面上一点〈0,0,0〉",在实体上指定一点,如圆心;命令行又提示"在要保留的一侧指定点或[保留两侧(B)]",输入 B 并回车,完成作图。如图 2 - 101 所示,用鼠标单击"着色"工具栏中的相应命令,完成剖切实体表面着色。

图 2 - 101　实体经水平面剖切后形成上下两半圆筒

三、实体编辑

"实体编辑"工具栏如图 2 - 102 所示。

图 2 - 102　实体编辑工具栏

1. 交集运算(布尔运算)

图 2 - 103 所示的是两个实体:长方体和球体,现在要将两个实体相交组成一个新的组合体。用鼠标左键在"实体编辑"工具栏中选择"交集"命令,命令行提示"指定对象",用鼠标

选择两实体并回车,完成作图,如图 2-104 所示。

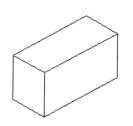

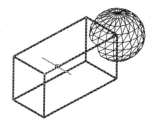

图 2-103　长方体和球实体　　　　图 2-104　实体通过交集运算组成组合实体

　　2. 实体的差集运算

　　图 2-105 所示为大小两圆柱,希望将大圆柱开一个通孔,孔径为小圆柱直径。用鼠标左键在"实体编辑"工具栏中选择"差集"命令,命令行提示"指定对象",用鼠标选择大圆柱并回车;命令行又提示"指定另一对象对象",用鼠标选择小圆柱并回车,完成作图,如图 2-106 所示。

图 2-105　大小两圆柱实体　　　　图 2-106　两圆柱进行差集运算后形成圆筒

　　3. 实体的交集运算

　　图 2-107 所示为两个实体,希望画出如图 2-108 中右侧的实体。用鼠标左键在"实体编辑"工具栏中选择"交集"命令,命令行提示"指定对象",用鼠标选择球和圆柱并回车,完成作图,如图 2-108 所示。

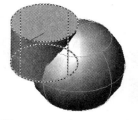

图 2-107　球和圆柱实体　　　　　图 2-108　球和圆柱实体进行交集运算

四、三维实体建模举例

轴承座具体建模过程如图 2-109 所示。

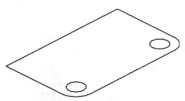
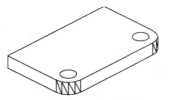
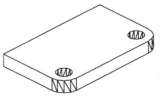

（1）画底板底面和圆孔圆   （2）拉伸底板底面和圆   （3）将底板和圆孔作差集运算

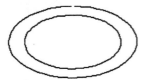

（4）画圆筒的两同心圆   （5）拉伸两圆并作差集运算

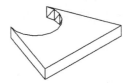

（6）画支承板平面图并将其转化为面域   （7）将支承板平面拉伸至要求的高度

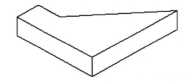

（8）画肋板平面图并转化为面域   （9）将肋板平面进行拉伸至要求的高度

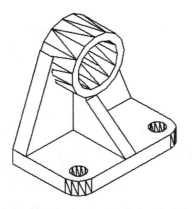

（10）执行修改菜单下三维操作中对齐命令，分别将支承板、圆筒、肋板移动到时底板上   （11）将底板、支承板、肋板和圆筒作布尔并集运算，完成画轴承座作图过程

图 2-109 轴承座建模过程

第**3**章

·机械制图与 AutoCAD·

点线面投影及其三视图画法

物体的外形轮廓都是由点、线、面构成的,如图 3-1 所示。点、直线、平面是最基本的几何要素,要研究物体的几何形状,应首先从研究物体表面上点、直线、平面的投影开始。本章教学重点是正投影法及其投影规律,教学难点是平面的投影及画法。对识图为主的专业,应重在读图与理解。

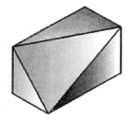

图 3-1 物体的轴测图

3.1 正投影法及其投影特性

一、投影法和物体的三视图

投影法是指投射线照射物体,并向预设投影面进行投影而得到物体图形的方法。图 3-2 所示为物体的投影过程,投影的**三要素**是光源(投射线)、物体和投影平面,人们观察物体的过程和使用像机照像过程实质上就是投影过程。

根据光源不同,投影法分为**中心投影法**和**平行投影法**两类。用相互平行的投射线对物体进行投影的方法,称为平行投影法。平行投影法又根据投射线是否与投影面垂直,分为正投影法和斜投影法。正投影法(简称正投影)正是本课程主要研究的内容,在后续学习内容中,如没另加说明,物体的投影都是指正投影。在机械制图课程中,依据投影法原理绘制的物体图形称为**视图**。

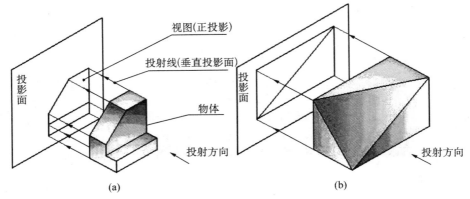

图 3-2　物体正投影过程

二、正投影法的投影特性

从图 3-2 所示物体的正投影过程可知,物体的正投影具有如下特性:

(1) 实形性　当物体上的直线段或平面平行于投影面时,直线的投影仍为直线,反映实长;平面的投影反映实形。

(2) 积聚性　当物体上的直线段垂直投影面时,直线段的投影积聚成一点;当物体上的平面垂直投影面时,平面的投影积聚成一条直线段。

(3) 类似性　当物体上的直线段倾斜于投影面时,直线段的投影仍为直线段,但长度缩短;当物体上的平面倾斜于投影面时,平面的投影小于原平面,且为原平面形状的类似形。

(4) 平行性　物体上两平行直线段的同面(指同一投影面)投影必相互平行。

(5) 从属性　物体上的点在物体的某条直线上,则点的投影必在该直线的同面投影上,且分线段的比值在投影前后保持不变。物体上的点或直线在物体的某一平面上,它们的投影必在该平面的同面投影上。

图 3-3　按正投影原理绘制的物体平面视图

这里要特别指出的是:物体上的点、直线段、平面是空间上的,其投影是在投影面(平面)上的。即投影过程是空间点、直线、平面及物体从空间到平面上的成像过程,通过点、直线、平面和物体的投影反映其在空间的形状及相互间位置。图 3-3 所示是将图 3-2 所示两物体依正投影法在图纸上所绘的平面视图。

三、物体三视图的形成及其投影规律

如图 3-4 所示,3 个不同的物体,当采用图示箭头方向投影时,视图完全一样,说明生活中很多物体如果只用一个方向的视图表示,并不能准确描述其空间形状。为了准确描述形状,必须增加物体不同方位的视图,通过物体的多视图、多视角而全面、准确地反映物体的形状。

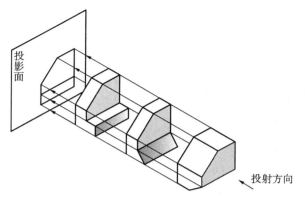

图 3 - 4　物体的一个视图不能确定其空间形状

（一）三投影面体系与物体三视图的形成

图 3 - 5 所示为 3 个投影面组成的三投影面体系,3 个投影面分别称为正投影面(简称 V 面)、水平投影面(简称 H 面)、侧投影面(简称 W 面)。3 个投影面相互垂直,则投影面两两垂直相交必有 3 条相互垂直的交线和一个交点。为了分析物体正投影规律,引入空间直角坐标系,具体规定如图 3 - 6 所示。

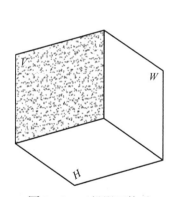

图 3 - 5　三投影面体系

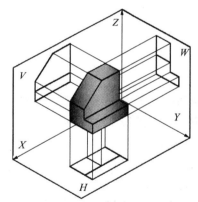

图 3 - 6　三投影面体系与三面投影的形成

将物体置于三投影面体系中的某一位置,分别从物体前、左、上方将物体向 V、W、H 面进行投影。在 V 面形成物体的**正面投影**(俗称**主视图**),在 H 面形成物体的**水平投影**(俗称**俯视图**),在 W 面形成物体的**侧面投影**(俗称**左视图**)。

物体投影后形成的 3 个投影仍处在空间的 3 个投影平面上。为了在同一图纸上画出物体各个视图,需要将 3 个投影面按一定的规律展开到一个平面上:V 面保持不动,W 面绕 Z 轴向右后转 90°,与 V 面共面,H 面绕 X 轴向下后转 90°,与 V 面共面。这样便完成了 3 个物体投影从空间向平面的转换过程。

由于各投影面可无穷大,各投影面的外框轮廓线可去掉;另外,直角坐标系是为了在投影时分析物体投影方便而引入的,但并不影响物体各投影之间投影规律的表述,故也可省去。注意,3 个投影如按投影关系配置,视图上不要写上各视图的名称,如图 3 - 7(d)所示,

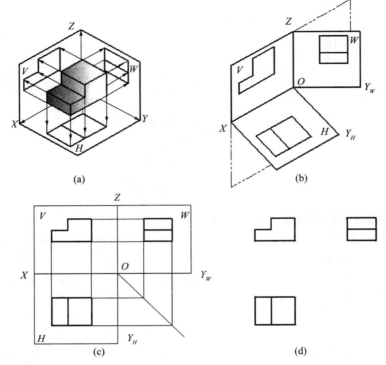

图 3-7 物体的三面投影及三视图的形成

俯视图在主视图的正下方,左视图在主视图的正右方。

(二) 物体 3 个视图之间的关系

1. 相互位置关系

物体三视图的形成及其展开过程表明,主视图与俯视图都反映物体的长度及物体左右端的起始位置,因此**主视图与俯视图长对正**;主视图与左视图都反映物体的高度及物体上下端的起始位置,因此**主视图与左视图高平齐**;左视图与俯视图都反映物体的宽度及物体前后的起始位置,因此**左视图与俯视图宽相等**。这就是物体的各视图之间的正投影规律,常简述为**长对正、高平齐、宽相等**,如图 3-8 所示。

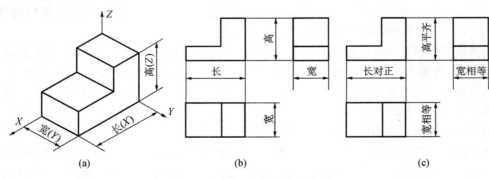

图 3-8 物体三视图的投影规律

需要提醒的是,不仅整个物体投影满足正投影规律,而且物体上的每个点、直线、平面的三面投影都要满足长对正、高平齐、宽相等的正投影规律。

2. 物体的方位关系

在三投影面体系中,站在物体的前面,相对观察者而言,物体有前、后、左、右、上、下 6 个方位,如图 3-9 所示。

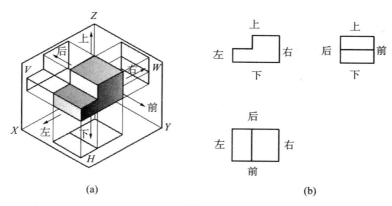

图 3-9　三视图的方位关系

主视图反映物体的上下和左右关系;俯视图反映物体的前后和左右关系;左视图反映物体的前后和上下关系。

注意,相对主视图而言,俯视图和左视图靠近主视图一侧表示的是物体的后方,远离主视图一侧表示的是物体的前方。图 3-10 所示为物体的轴测图和三视图,箭头方向为主视图投影方向。

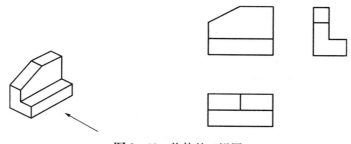

图 3-10　物体的三视图

3.2　点 的 投 影

物体的表面都存在无穷多个点(空间点),点的空间形状小到不可测量,其各面投影都是一个点,点的投影(实质就是点的视图)是平面上的点。

1. 点的投影规律

如图 3-11 所示，将三棱锥置于三投影面体系中，仅将三棱锥顶点 S 分别从 3 个不同方向向各投影面投影，得到 S 点的 3 个投影 s、s' 和 s''。按要求将各投影面展开到同一平面上。从图 3-11(c) 中可看出，点的各投影之间有如下规律：

(1) 空间 S 点的 V 面投影 s' 与 H 面投影 s 的连线垂直于 OX 轴，即 $ss' \perp OX$。实质就是主视图和俯视图之间长对正。

(2) 空间 S 点的 V 面投影 s' 与 W 面投影 s'' 的连线垂直于 OZ 轴，即 $s's'' \perp OZ$。实质就是主视图和左视图之间高平齐。

(3) 空间 S 点的 W 面投影 s'' 到 OZ 轴的距离等于水平投影 s 到 OX 轴的距离，即 $s''S_Z = sS_X$。实质就是左视图和俯视图之间宽相等。

这就是空间点的正投影规律，它和物体的正投影规律完全一致，只是描述的对象和表述的形式不同而已，因为点小到无法测定其长宽高。

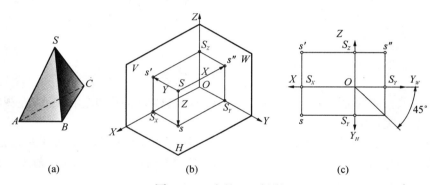

(a)   (b)   (c)

图 3-11   点的三面投影

2. 点的各面投影与直角坐标之间的关系

在三投影面体系中，点在空间的位置由点到 3 个投影面的距离确定，而 3 个距离正好反映的是空间 S 点的 X、Y 和 Z 坐标。点投影与直角坐标的关系如图 3-12 所示。

(1) 点到 W 面的距离为 $SS'' = sS_Y = s'S_Z =$ 点的 X 坐标。

(2) 点到 V 面的距离为 $Ss' = s''S_Z = sS_X =$ 点的 Y 坐标。

(3) 点到 H 面的距离为 $Ss = s'S_x = s''S_Y =$ 点的 Z 坐标。

图 3-12   点投影与直角坐标的关系

点的正面投影反映空间点的 X、Z 坐标，点的水平投影反映空间点的 X、Y 坐标，点的侧面投影反映空间点的 Y、Z 坐标。点的任意两个投影均包含空间点的 3 个坐标，故只要知道点的两个投影，就可按点的投影规律求出第三面投影。

例 3-1   已知空间点 S 的坐标 $S(21, 12, 14)$，求作 S 点的三面投影。

分析   已知 S 点的 3 个坐标，便可根据其中两个坐标分别作出点的各面投影。作图步骤如图 3-13 所示：

（1）画两条垂直相交的细实线，代表展开后的 3 根坐标轴，交点为坐标原点 O，从 O 点向左量取 21，得 S_X。

（2）过 S_X 作 OX 轴的垂线，在此垂线上向下量取 12 得 s 点；向上量取 14 得 s' 点。

（3）由 s、s' 作 45°辅助线求出 s'' 点或根据 S 点的 Y、Z 坐标直接求出 s''。

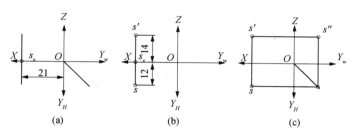

图 3-13　已知点的坐标作投影图

3. 两点间的相对位置

空间两点间的相对位置可由其同面投影的坐标大小来判断。如图 3-14 所示，R 点的 Z 坐标大于 S 点 Z 坐标，说明 R 点在上，S 点在下；S 点的 X 坐标大于 R 点的 X 坐标，说明 S 点在左，R 点在右；S 点的 Y 坐标大于 R 点 Y 轴坐标，说明 S 点在前，R 点在后。

在图 3-15 中，R 和 S 点 X、Y 坐标值相等，而只有 Z 坐标不同，且 R 点的 Z 坐标大于 S

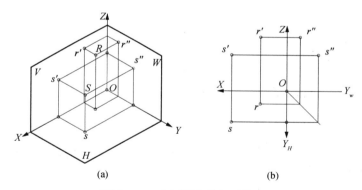

图 3-14　空间两点的相对位置

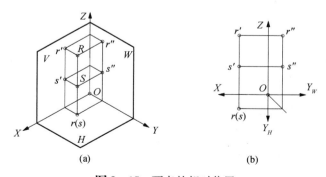

图 3-15　两点的相对位置

点的 Z 坐标,两点在 H 面上的投影重合,即水平面上同一点是空间两个点的投影。R 点的水平投影可见,而 S 点的水平投影被 R 点的水平投影遮住。将 S 点的水平投影加上括号 (s),以区别空间点 R、S 的上下位置。

3.3 直线的投影

物体的表面通常存在直线段,称为**空间直线**,空间直线的投影一般情况下仍是一直线,只有当直线垂直于某一投影面时,其投影为一个点。研究直线的投影实质就是为了画直线的三视图。

一、直线的投影

根据物体上的直线与投影面之间的相对位置,将直线分为 3 种:投影面的垂直线、投影面的平行线和一般位置直线。前两种位置直线又称为**特殊位置直线**。

(一) 投影面垂直线

各投影面垂直线的三视图及投影特性,见表 3-1。在三投影面体系中,空间直线垂直于一个投影面,与另外两投影面平行,这种位置直线称为**投影面的垂直线**。相对不同的投影面又有 3 种不同位置的垂直线。

表 3-1 投影面垂直线

	物体的三视图	物体上垂直线的三视图	投影特性
铅垂线	(图)	(图)	(1) 水平投影积聚成一点 $a(c)$ (2) 正面投影和侧面投影都平行 OZ 轴,且反映实长
正垂线	(图)	(图)	(1) 正面投影积聚成一点 $a'(b')$ (2) 水平投影平行 OY_H 轴,侧面投影平行 OY_W 轴,且都反映实长

续表

物体的三视图	物体上垂直线的三视图	投影特性
侧垂线		(1) 侧面投影积聚成一点 $a''(d'')$ (2) 水平投影和正面投影平行 OX 轴，且都反映实长

（1）正垂线　垂直于 V 面并与 H、W 面平行的位置直线。其特点是每个点分别到 H 面和 W 面的距离都相等，即空间直线上每个点 X、Z 坐标值都相等，正面投影积聚成一点，说明直线上各点的 Y 坐标均不相等。

（2）铅垂线　垂直于 H 面并与 V、W 面平行的位置直线。其特点是每个点分别到 V 面和 W 面的距离都相等，即空间直线上每个点 X、Y 坐标值都相等，水平面上投影积聚成一点，说明直线上各点的 Z 坐标均不相等。

（3）侧垂线　垂直于 W 面并与 H、V 面平行的位置直线。其特点是每个点分别到 H 面和 V 面的距离都相等，即空间直线上每个点 Y、Z 坐标值都相等，侧面投影积聚成一点，说明直线上各点的 X 坐标均不相等。

例 3-2　空间直线 AB 是一正垂线，已知直线的正面投影 $a'(b')$，$AB = 20$，求作 AB 直线的另外两视图。

分析　已知直线 AB 为正垂线和其正面投影 $a'(b')$，说明直线在 V 面上具有积聚性，且 A 点在 B 点之前，AB 直线的水平投影应平行于 OY_H 轴，侧面投影平行于 OY_W 轴。又已知 A 点的水平投影 a，说明 AB 直线的空间位置唯一确定。

作图步骤如图 3-16 所示：

（1）连接 aa'，过 a 作 OY_H 轴的垂线延长与 45°辅助线相交，再向 OY_W 轴作垂线并延长，

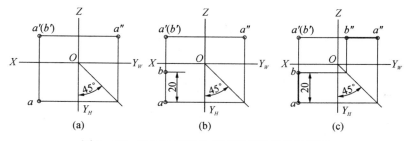

图 3-16　根据已知条件作正垂线的另外两视图

过 a' 向右作水平线,两条作图线相交便可确定 a'' 点。

(2) aa' 线上从 a 点向上量取 20 确定 b 点。

(3) 由 b 和 b' 点确定 b'',连接 ab 与 $a''b''$ 即为 AB 的另两面投影。

(二) 投影面平行线

在三投影面体系中,空间直线平行一个投影面,与另外两投影面倾斜,这种位置的直线**称为投影面平行线**。根据空间直线与投影面之间的相对位置不同,投影面平行线又有 3 种不同位置的平行线。

(1) 水平线 空间直线平行于 H 面并与 V、W 倾斜。其特点是空间直线上每一点到 H 面的距离相等,即 Z 坐标相等,其水平投影反映实形,正面和侧面投影为缩短的直线段(类似形),分别平行 X 轴和 Y 轴。

(2) 正平线 空间直线平行于 V 面并与 H、W 倾斜。其特点是空间直线上每一点到 V 面的距离相等,即 Y 坐标相等,其正面投影反映实形,侧面和水平投影为缩短的直线段(类似形),分别平行 Z 轴和 X 轴。

(3) 侧平线 空间直线平行于 W 面并与 V、W 倾斜。其特点是空间直线上每一点到 W 面的距离相等,即 X 坐标相等,其侧面投影反映实形,正面和水平投影为缩短的直线段(类似形),分别平行 Z 轴和 Y 轴。

投影面平行线与 H、V、W 面之间的倾角分别用 α、β、γ 表示。各投影面平行线的三视图及投影特性,见表 3-2。

表 3-2 投影面平行线

	物体的三视图	物体上平行直线的三视图	投影特性
水平线			(1) 在 H 面投影反映实长,与 OX 轴夹角 β 反映 AB 对 V 面倾角,与 OY_H 轴夹角 γ 反映 AB 对 W 面倾角 (2) 正面投影平行 OX 轴,侧面投影平行 OY_W 轴,均为缩短了的直线
正平线			(1) 在 V 面投影反映实长,其与 OX 轴夹角 α 反映 BC 对 H 面倾角,其与 OZ 轴夹角 γ 反映 BC 对 W 面倾角 (2) 水平投影平行 OX 轴,侧面投影平行 OZ 轴,均为缩短了的直线

续表

物体的三视图	物体上平行直线的三视图	投影特性
侧平线	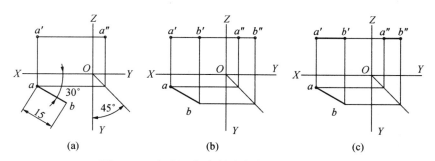	(1) 在 W 面投影反映实长，其与 OZ 轴夹角 β 反映 AC 对 V 面倾角，其与 OY_W 轴夹角 α 反映 BC 对 H 面倾角 (2) 水平投影平行 OY_H 轴，正面投影平行 OZ 轴，均为缩短了的直线

例 3-3　已知一水平直线 AB 长 15，与 V、W 面倾角分别为 $30°$ 和 $60°$，A 点的 a、a' 如图中位置所示，且 A 点在 B 点之后，要求作图画出直线 AB 的三面投影。

分析　AB 为水平线，必平行 H 面，在 H 面上反映实形，$ab=15$，在 V 面上的投影应是平行 OX 轴的缩短直线，在 W 面上投影为平行 OY_W 轴缩短直线。同时根据对 V、W 倾角可唯一确定水平投影的位置。

作图步骤如图 3-17 所示：

（1）据 a、a' 确定 a''。从 a 出发作与 OX 轴成 $30°$ 斜直线，定长为 15，确定 b 点，故 AB 的水平投影确定。

（2）据 b 点确定 b' 和 b''。

（3）连接 $a'b'$ 两点确定 AB 的正面投影，连接 $a''b''$ 点确定 AB 的侧面投影。

图 3-17　根据已知条件确定直线的三面投影

（三）一般位置直线

在三投影面体系中，空间直线与 3 个投影面都倾斜，这种位置的直线称为**一般位置直线**。如图 3-18 所示，投影特点是：在 3 个投影面中投影仍为直线段，但线段缩短了，是原空间直线的类似形，直线上的任意两个点的 X、Y、Z 坐标都不会相等。

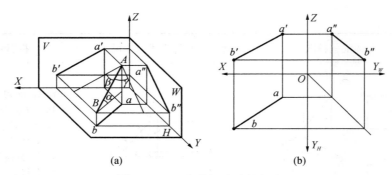

(a)　　　　　　　　　　(b)

图 3-18　一般位置直线的投影

(四) 空间两条直线的相对位置

空间两直线的相对位置有 3 种:平行、相交和交叉。空间两条相互平行的直线,同面投影必平行。反之,若两直线的各同名投影均平行,则空间两直线必平行。空间两条直线相交,其同面投影必相交,两空间直线的交点必在两直线的同面投影的交点上,且交点符合点的投影规律。空间两条直线交叉,在空间没有交点,其同面投影可能相交也可能不相交,但同面投影的交点不符合点的投影规律。

3.4　平面的投影

生活中,许多物体上存在的各种形状平面,都是有限大小且形状各异的空间平面。研究物体上平面投影,是为了正确画出平面的三视图,确定物体的形状。

一、平面的表示方法

表示空间平面的方法通常有两种,一是用几何元素表示空间平面(几何元素是指点、直线、平面),另一种是用平面迹线表示空间平面。

(一) 用几何元素表示空间平面

表示空间平面方法包括:

(1) 不在同一直线上的 3 点。

(2) 直线及直线外一点。

(3) 两条相交直线。

(4) 两条平行直线。

(5) 任意平面图形。

(二) 用平面迹线表示空间平面

理论上,空间平面可以是无穷大,空间平面处在三投影面体系中,必与投影面相交,其交线称为**迹线**,与 V 面相交的交线称为**正面迹线**,与 H 相交为**水平迹线**,与 W 面相交为**侧面迹线**。图 3-19、图 3-20 和图 3-21 所示均为平面迹线表示的平面三视图。

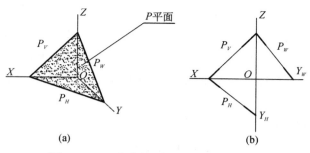

图 3-19　一般位置平面 P 的迹线表示法

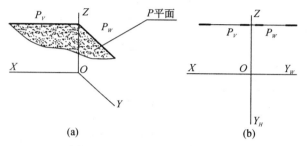

图 3-20　水平面的迹线表示法

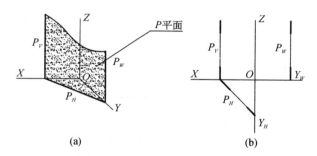

图 3-21　铅垂面的迹线表示法

二、各位置平面的投影

物体上的平面称为**空间平面**,在三投影面体系中,空间平面相对各投影面的位置也有 3 种:投影面的平行面、投影面的垂直面和一般位置平面,前两者位置平面称为**特殊位置平面**。

(一) 投影面的平行面

这是最特殊位置的平面,根据其平行不同投影面又有 3 种形式:

(1) 正平面　与 V 面平行并与 H、W 面垂直,其上任一点到 V 面的距离均相等,即 Y 坐标相等。在 V 面上的投影反映空间平面的实形,在 H、W 面上投影积聚成一条直线段,且分别平行 X 和 Z 轴。

(2) 水平面　与 H 面平行并与 V、W 面垂直,其上任一点到 H 面的距离均相等,即 Z

坐标相等。在 H 面上的投影反映实形,在 V、W 面上投影积聚成一条直线,且分别平行 X 和 Y 轴。

(3)侧平面　与 W 面平行并与 V、H 面垂直,其上任一点到 W 面的距离均相等,即 X 坐标相等。在 W 面上的投影反映实形,在 V、H 面上投影积聚成一条直线,且分别平行 Z 和 Y 轴。

各投影面平行面的三视图及投影特性,见表 3-3。

表 3-3　投影面平行面

物体的三视图	物体上平行平面的三视图	投影特性
水平面		(1) 水平投影反映实形 (2) 正面投影积聚成一平行 OX 轴直线,侧面投影积聚成一平行 OY_W 轴直线
正平面		(1) 正面投影反映实形 (2) 水平投影积聚成一平行 OX 轴直线,侧面投影积聚成一平行 OZ 轴直线
侧平面		(1) 侧面投影反映实形 (2) 正面投影积聚成一平行 OZ 轴直线,水平投影积聚成一平行 OY_H 轴直线

例 3-4　用迹线表示法作一空间的水平面 P。

分析　水平面 P 无穷大,与 V、W 面存在交线,即平面迹线,与 H 面平行不存在交线。题中未给出水平面的高度,作图时自己给定。作图步骤如图 3-22 所示:

(1) 作出垂直相交两直线分别代表 X、Z、Y_H、Y_W 轴。

(2) 水平面的正面和侧面迹线均为一水平线,按迹线表示平面的要求分别作出 P_V 和 P_W 线,即用 P_V 和 P_W 迹线表示水平面 P。注意:在后续学习中作辅助平面时,要用到迹线表示平面方法。

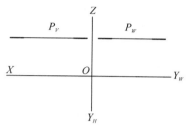

图 3-22　用迹线表示水平面

(二) 投影面的垂直面

投影面的垂直面指垂直某一投影面并与另外两投影面倾斜的空间平面。

(1) 铅垂面　垂直于 H 面并与 V、W 面倾斜的平面。在 H 面上的投影积聚成一条直线,在 V、W 面上为其类似形。

(2) 正垂面　垂直于 V 面并与 H、W 面倾斜的平面。在 V 面上的投影积聚成一条斜直线,在 H、W 面上为其类似形。

(3) 侧垂面　垂直于 W 面并与 V、H 面倾斜的平面。在 V 面上的投影积聚成一条直线。在 V、H 面上为其类似形。

(三) 一般位置平面

一般位置平面指三投影面体系中与 3 个投影面均倾斜的平面,在 3 个投影面上的投影是空间平面形状的类似形。一般位置平面上存在无限多条投影面平行线和一般位置直线,但不存在投影面垂直线。一般位置平面的投影如图 3-23 所示,其特性见表 3-4。

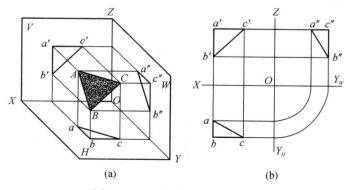

(a)　　　　　　　　(b)

图 3-23　一般位置平面的投影

表3-4 投影面垂直面

物体的三视图	物体上垂直平面的三视图	投影特性
铅垂面		(1) 水平投影积聚成直线，β、γ分别反映平面对V面和W面倾角 (2) 正面与侧面投影为空间平面类似形
正垂面		(1) 正面投影积聚成直线，α、γ分别反映平面对H面和W面倾角 (2) 水平与侧面投影为空间平面类似形
侧垂面		(1) 侧面投影积聚成直线，β、α分别反映平面对V面和H面倾角 (2) 正面与水平投影为空间平面类似形

（四）两平面交线是特殊位置直线

两平面交线是特殊位置的情况，如图3-24所示。

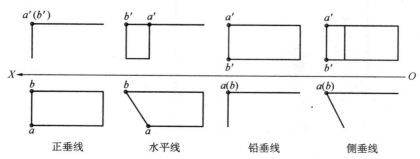

图3-24 部分特殊位置平面相交的交线投影特点

（1）正平面与水平面的交线是侧垂线。

（2）正平面与侧平面的交线是铅垂线。

（3）水平面与侧平面的交线是正垂线。

（4）正平面与正垂面的交线是水平线。

（5）正平面与铅垂面的交线是铅垂线。

其余情况读者自己分析，这些特点须认真归纳总结，对后续学习三视图识图会很有帮助。

3.5　点、直线在平面上的条件

学习点、直线在平面上条件是为求画物体上特殊交线（指截交线和相贯线）作准备。

1. 直线在空间平面上的条件

（1）空间直线过空间平面上的两个点，则此直线必在该平面上。

（2）空间直线过空间平面上一点，且平行于平面上的任一直线，则此直线在该平面上。

2. 点在空间平面上的条件

若点在空间平面上的任一直线上，则点在此平面上。

例 3 - 5　已知△ABC 平面及 M 点的正面和水平投影，判断 M 点是否在 ABC 平面上。

分析　根据点从属于平面的条件，如果 M 点在 ABC 平面上的一条直线上，则 M 点必属于该平面。否则 M 点不属于该平面。

作图步骤如图 3-25 所示：

（1）假设 M 点在平面 ABC 内，在平面上作过 M 点和 A 点的辅助直线 AⅠ，其正面投影为 a'm1'。

（2）作 AⅠ的水平投影 a1，如果 M 点在 ABC 平面内，则 M 点在直线 AⅠ上，M 点的水平投影应在 a1 线上。

（3）但从作图上看，M 点的水平投影明显没在 AⅠ线的水平投影上，根据点从属平面的条件，说明 M 没有在平面 ABC 平面上。

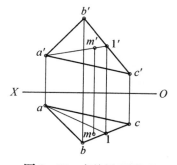

图 3-25　点从属于平面

例 3 - 6　已知空间平面 ABC 为一般位置平面，要求在平面上过 A 点作一水平线 AM，过 C 点作一正平线 CN。

分析　一般位置平面上肯定存在水平线和正平线，关键是作出的水平线和正平线要在 ABC 平面上，可根据直线从属平面的条件，过平面上两已知点作出。

作图步骤如图 3-26 所示：

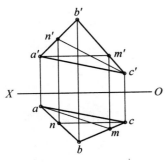

图 3-26 直线从属于平面

（1）过 a' 作水平线与 $b'c'$ 线相交于一点 m'，连接 $a'm'$，即为水平线 AM 的正面投影；过 m' 点作 OX 轴的垂线，延长后与 bc 线相交于一点 m，连接 am 线即为水平线 AM 的水平投影。

（2）过 c 作水平线与 ab 线相交于一点 n，连接 cn，即为正平线 CN 的水平投影；过 n 点作 OX 轴的垂线，与 $a'b'$ 线相交于一点 n'，连接 $c'n'$ 线即为水平线 CN 的正面投影。

第 **4** 章

基本体视图的画法与标注

本章主要研究基本体投影规律、三视图画法，以及截交线与相贯线画法。**基本体**即形状比较简单的物体，包括棱柱、棱锥、圆柱、圆锥、圆球和圆环，如图 4-1 所示。本部分教学重点是基本体的三视图画法，教学难点是物体上截交线和相贯线画法。

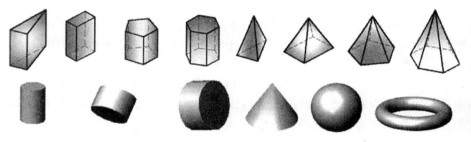

图 4-1 常见基本体

4.1 基本体的投影与表面取点

一般机件都可以看成是由柱、锥、球、环等基本几何形体（简称基本体）按一定的方式组合而成。根据基本体表面的不同，分为平面体和曲面体，棱柱、棱锥为平面体，其表面由平面围成；圆柱、圆锥、圆球、圆环为曲面体，都有回转轴线，又称**回转体**，其表面是由曲面或由曲面与平面共同围成。研究基本体投影就是为了画其三视图。

一、棱柱

凡侧棱线相互平行且与上、下底面垂直的棱柱称为**正棱柱**。常见的棱柱有正三棱柱、正四棱柱、正五棱柱和正六棱柱，如图 4-2 所示。棱柱表面由若干侧棱面和上、下底面围成，侧棱面之间的交线称为**侧棱线**，各侧棱线相互平行且与底面垂直。

三棱柱

四棱柱

五棱柱

六棱柱

图 4-2 常见的几种正棱柱

（一）棱柱的投影

如图 4-3 所示，正三棱柱由 3 个侧棱面（都是矩形平面）及上、下两个底面（都是三角形平面）围成，侧棱面和上、下底面的交线称为底棱线，3 条侧棱线、3 个侧棱面都与上、下底面垂直。

图 4-3 正三棱柱

上底面 —— 顶棱线
侧棱面 —— 侧棱线
下底面 —— 底棱线

1. 投影分析

如图 4-4 所示，正三棱柱置于三投影面体系中，让其上、下底面处于水平位置，其中的一个侧棱面处于正平面的位置，这时另外两个侧棱面则处于铅垂面的位置。在这种位置下，三棱柱的投影特征是：上底面和下底面的水平投影重合，并反映顶或底面实形，其正面与侧面投影积聚成为两条水平直线段，上、下直线段的垂直距离反映三棱柱的高度；3 个侧棱面的水平投影积聚为三角形的 3 条边，后侧棱面是正平面，在正面上反映实形，在侧面上积聚为一条竖直线；左、右侧棱面与正面和侧面均倾斜，其正面与侧面的投影均不反映实形，是侧棱面的类似形。

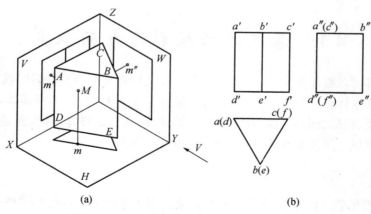

(a)   （b)

图 4-4 正三棱柱投影过程及其三视图画法

2. 作图步骤

作正三棱柱的俯视图(等腰三角形),然后根据正投影规律,作出三棱柱的正面和侧面投影。图 4 - 4(b)所示是正棱柱的三视图,3 个视图之间应满足正投影规律。

(二) 棱柱表面上取点

在图 4 - 4(a)中,已知三棱柱上的 ABED 侧棱面上有一点 M,其正面投影为 m′,求作其 m 和 m″。由于 M 点在棱面 ABED 上,而 ABED 侧棱面是铅垂面,在 H 面上积聚成一直线 abed,M 点的水平投影 m 必在该直线上,即由 m′可直接求出 m 点,再由 m 和 m′求出 m″点。作图过程如图 4 - 5 所示。

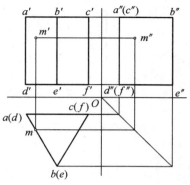

图 4 - 5 正三棱柱的表面取点

二、棱锥

棱锥的表面由若干侧棱面(都是三角形平面)和一个底面(都是多边形平面)围成。棱锥分正棱锥和非正棱锥,生活中以正棱锥为主。**正棱锥**是指锥顶在底面重心的正上方,各条侧棱线在空间相交于锥顶,图 4 - 6 所示是常见的几种正棱锥。

正三棱锥　　　　正四棱锥　　　　正五棱锥　　　　正六棱锥

图 4 - 6 常见的几种正棱锥

(一) 棱锥的投影

1. 棱锥投影分析

如图 4 - 7 所示,正三棱锥由 3 个侧棱面和一底平面构成(均为三角形平面),3 个侧棱面两两相交形成 3 条侧棱线,3 条侧棱线往上汇交于锥顶 S,锥顶在底面重心的正上方。3 个侧棱面与底面相交形成 3 条底棱线。

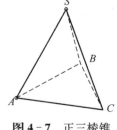

图 4 - 7 正三棱锥

如图 4 - 8 所示,将三棱锥放置在三投影面体系中,让其底面 ABC 处于水平位置,同时让侧棱面 SAB 处于侧垂面位置,另两侧棱面则相应处于一般平面位置。根据三棱锥与各投影面相对位置,投影后的底面在 H 面上反映实形,在 V 面和 W 面上积聚成一水平直线段,分别平行 OX 和 OY 轴;侧棱面 SAB 为侧垂面,在 W 面上积聚为一斜直线段,在 V 面和 H 面上为其相似形(三角形)。另外,两个侧棱面为一般位置平面,在 3 个投影面中的投影均为其空间形状的相似形。

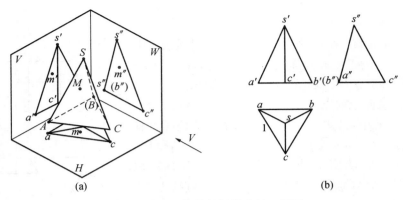

图 4-8 正三棱锥的投影及其三视图

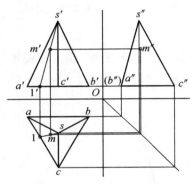

图 4-9 正三棱锥表面取点

2. 作图步骤

如图 4-8(b)所示,根据正投影规律,先作正三棱锥底面的水平投影,作正面和侧面投影。然后作锥顶的水平投影(其水平投影在底面三角形水平投影的重心处)。再根据三棱锥高度定锥顶的另外两面投影。最后根据各侧棱线与底面和锥顶的相关关系,分别作各侧棱面的三面投影。

(二) 棱锥表面取点

如图 4-8(a)所示,侧棱面 SAC 上有一点 M,其处在一般位置平面上,则已知其水平投影 m。由于所处的侧棱面在各投影面上均无积聚性,必须借助过 M 点的辅助直线 $S \mathrm{I}$。如图 4-9 所示,先作过 m 的 $s1$ 线,在主视图上画出 $1'$ 点,连接 $s'1'$ 作出 $S \mathrm{I}$ 线的正面投影,然后根据点的投影规律和点从属于直线的条件画出 m' 点和 m'' 点。

三、圆柱

如图 4-10 所示,**圆柱体**表面由一个圆柱面(曲面)和上、下两个圆平面围成,上、下圆平面相互平行且垂直轴线。

图 4-10 圆柱立体图

(一) 圆柱的投影分析

1. 圆柱的投影分析

如图 4-11 所示,圆柱上的曲面是圆柱面,可以看作是一直线段(母线)以与之平行的另一直线为轴线回转 360° 而成,母线回转中的任一位置的直线称为**圆柱素线**,圆柱素线有无穷多条,每一条素线均平行轴线并与上、下圆平面垂直。圆柱处于图示的三投影面体系中,为作图方便,让其轴线垂直于 H 面,圆柱面在 H 面上积聚成一个圆;上、下底面是水平圆平面,在 H 面上反映实形,在 W 和 V 面上积聚为一平行相应坐标轴的直线段。根据圆柱面上与各投影面的位置关系,圆柱面上存在最左、最右、最前、最后素线。在 V 面的投影为一矩形,由圆柱最左、最右素线、轴线及上、下圆面的投影组成;在 W 面上的投影投影为一矩形,由圆柱最前、最后素线、轴线及上下圆面的投影组成。

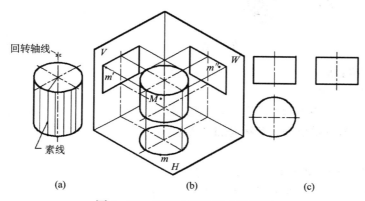

图 4 - 11　圆柱及其表面点的投影

2. 作图步骤

如图 4 - 11(c)所示,在图纸上先画各投影的对称中心线,再画圆柱面具有积聚性的俯视图,然后根据圆柱的高度画出另外两个视图。

(二) 圆柱表面取点

如图 4 - 11(b)所示,圆柱面的左前部位有 M 点,此点属于圆柱面。如已知其正面投影 m',求作其另外两投影。由于 M 点从属圆柱面,且要满足点的投影规律,说明 M 点的水平投影 m 必在圆柱水平投影的圆上,很容易求出 m 点,然后根据 m、m'' 两点相对轴线的 Y 坐标相等求出 m'' 点(或根据 m 和 m' 作 45° 辅助线求画出,图中所标尺寸 Y 为 M 点距轴线的相对 Y 坐标)。如图 4 - 12 所示为圆柱表面取点的作图过程。

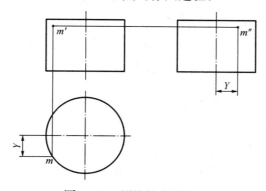

图 4 - 12　圆柱的表面取点

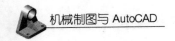
四、圆锥

如图 4-13 所示，**圆锥体**表面由一个圆锥面（曲面）和一个圆平面围成，圆平面垂直圆锥轴线。

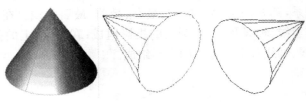

图 4-13 圆锥立体图

(一) 圆锥的投影

1. 形体与投影分析

如图 4-14 所示，圆锥面可看作一直线段（母线）绕与之相交的直线为回转轴线回转一周而成，母线在回转中的任一位置称为**圆锥素线**，圆锥素线有无穷多条，都必过锥顶，倾斜于圆平面。

将圆锥置于三投影面体系中，为方便作图，让圆锥轴线垂直于水平面。底圆则为水平面，在 H 面上反映实形，在 V 和 W 面上积聚为一条平行 X 和 Y 轴的直线段。圆锥面存在最左、最右、最前、最后素线。圆锥的水平投影为一个圆，并画出十字对称中心线，两条中心线的交点则为锥顶的投影；正面投影为一等腰三角形，由圆锥的最左、最右素线与圆平面正面投影构成；侧面投影为一等腰三角形，由圆锥的最前、最后素线与圆平面的侧面投影构成。注意和侧面投影是对称图形，要画出对称中心线。

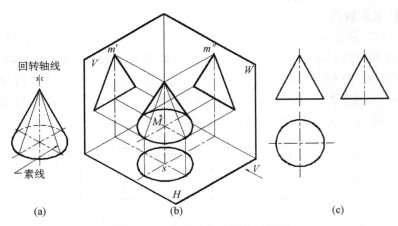

图 4-14 圆锥的投影及其三视图

2. 作图步骤

如图 4-14(c)所示，在图纸上画圆锥的 3 个视图时，先画各视图的对称中心线，再画底面水平圆的各投影，然后画锥顶的各面投影和等腰三角形，完成圆锥的 3 个视图。

(二)圆锥体表面取点

如图4-15所示,在圆锥面上可取过锥顶的辅助直线和**辅助纬圆**以便作圆锥面上点的各面投影。M点在圆锥面上,根据圆锥面形成过程知道,M点必在某条圆锥素线上,也应该在圆锥上过M点的纬圆上。

(1)辅助素线法 在图4-16(a)中,如已知M点的正面投影m'点,过锥顶s'和m'点作辅助素线s'm',并延长交水平圆正面投影于一点a'点。然后再根据点的投影求出素线SA的水平投影sa线,M点的水平投影m必属于sa线,从而求出m点。最后根据正面投影m'和水平投影求出m″(可作45°辅助线或根据M点与锥顶S的相对Y坐标相等的方法求解,图中尺寸Y表示M点距S点的相对Y坐标)。

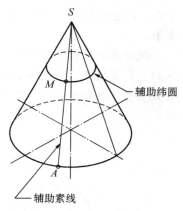

图4-15 圆锥表面上的点

(2)辅助纬圆法 在图4-16(b)中,过m'点作一水平直线段代表过M点的水平纬圆,在俯视图中作出水平纬圆的水平投影(圆),根据M点属于锥面和纬圆的性质求出m点,然后根据m和m'点求作m″点。

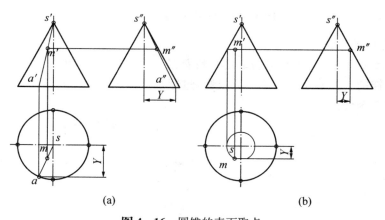

(a)   (b)

图4-16 圆锥的表面取点

五、圆球

(一)圆球投影

1. 圆球的投影分析

如图4-17所示,**圆球**的表面仅由球面(曲面)构成。圆球面可看作一条圆母线绕过圆心的一条直线为轴线回转而形成的,存在无数条直径等于球直径的圆球素线,同时存在无数个大小不等的纬圆,最大的纬圆等于球的直径,最少的纬圆为一

图4-17 圆球的立体图

个点。注意球面上不存在直线,且过母线圆的直线有无穷多条,因此球的轴线也有无限多条。

圆球放在三投影体系中,相对各投影面,球的投影总是一个与球直径大小相等的圆,在球面上有无数个正平纬圆、侧平纬圆、水平纬圆,但一定只一个过球心的最大正平纬圆、一个最大水平纬圆和最大的侧平纬圆,其直径为球的直径,其圆心在球心。球的投影如图 4-18 所示。

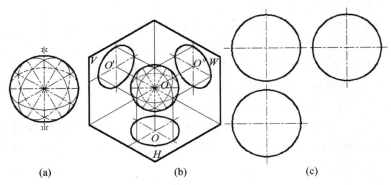

(a)　　　　　　(b)　　　　　　(c)

图 4-18　圆球的投影及三视图

2. 圆球的作图步骤

如图 4-18(c)所示,球的任意方向的投影都是一个圆,且大小相等,为球的直径,但表达的意思是不一样的。先确定球心的三面投影,过球心分别画出圆的对称中心线,再画出与圆球直径相等的 3 个圆。

(二) 圆球的表面取点

图 4-19 中,球面上有一点 M,现已知 M 点的正面投影(m'),说明 M 点在圆球的右下后部,在主、左、俯视图中均不可见。现过(m')点作一条辅助水平直线段 $a'b'$ 代表圆球在此位置的一水平纬圆的正面投影,水平纬圆在 H 面上的投影为一圆,直径等于 $a'b'$ 长,由 M 正面投影(m')点向下作垂线与水平纬圆相交确定(m)点,然后由(m')、(m)点确定(m'')点,并根据 M 点的所处空间位置判断其可见性。注意:图中尺寸 Y 表示 M 点与球心的相对 Y 坐标。

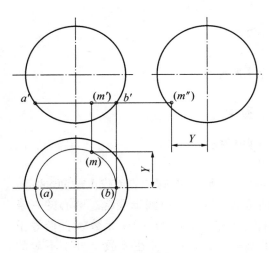

图 4-19　圆球的表面取点

六、圆环

如图 4-20 所示,**圆环立体**图是曲面体,其表面由圆环面围成。

（一）圆环的投影

1. **圆环投影分析**

从图 4 - 20 可知，圆环可看作一圆母线绕不通过该圆但与其共面上的一条直线为轴线回转一圈而形成的，表面仅由一圆环面构成，圆环面上不存在直线，但存在与轴线垂直的大小不等的多个纬圆和无数个圆环素线圆。

图 4 - 20　圆环立体图和圆环的形成

图 4 - 21 所示是圆环的 3 个视图，左视图的画法与主视图完全一样。俯视图中的两个粗实线同心圆，分别表示圆环的最大、最小的纬圆，细点画线圆则是母线圆心回转轨迹的投影。主视图中的两小圆是平行于 V 面的最左和最右两素线圆的投影，两小圆的上、下公切线是圆环上最上和最下两水平纬圆在 V 面的投影。

2. **作图步骤**

按母线圆的大小及位置，先画圆环的轴线和对称中心线，画出反映母线实形的正面

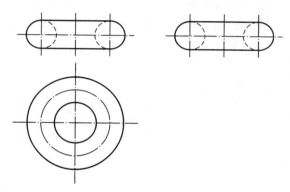

图 4 - 21　圆环的三视图

投影及上、下两条公切线（代表圆环的最上和最下的两纬圆）；然后按主视图上外环面的最大直径和内环面的最小直径，画出俯视图中最大、最小的**轮廓圆（纬圆）**；最后画出母线圆心的回转轨迹的细点画线圆，如图 4 - 21 所示。

（二）圆环的表面取点

如图 4 - 22 所示，物体上常加工有圆角或倒圆等工艺结构，圆角或倒圆上的曲面实质上

图 4 - 22　含圆环面物体和圆环表面上点的投影

是一不完整的圆环面。M 点在物体的圆角上，即在一不完整的圆环面上，已知 M 点的正面投影 (m') 点，说明 M 点在圆环的左下后部，过 (m') 点作水平辅助线段 $a'b'$，代表圆环上一条水平纬圆，M 点必属于这个水平纬圆，水平纬圆在俯视图中反映实形，直径等于 $a'b'$ 线段长。从 (m') 点作垂直线与水平纬圆的水平投影圆相交，交点 m 点就是 M 点的水平投影。

4.2 截交线的画法

许多物体不是完整的基本体，可以认为是立体被平面截切而形成的组合体，该平面通常称为**截平面**，截平面与立体表面的交线称为**截交线**。截交线实际上就是物体上的面与面的交线，是物体上的轮廓线。截切后立体称为**截切体**，又称为**切割型组合体**。图 4-23 所示为存在截交线的零件。为了正确表达截切后物体的形状，方便画出物体的三视图，有必要研究物体上的截交线投影特点和画法。

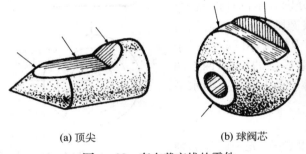

(a) 顶尖　　　　(b) 球阀芯

图 4-23　存在截交线的零件

一、截交线的性质

图 4-24 所示为物体上截交线的形成过程。三棱锥被正垂面 P 截切形成上下两个截切体，相当于截平面 P 与三棱锥相交，截交线为平面三角形线框 $\triangle DEF$，它既在截平面上，又

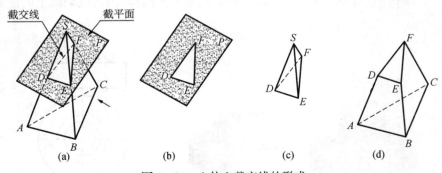

(a)　　　(b)　　　(c)　　　(d)

图 4-24　立体上截交线的形成

在两个截切体上。

从立体上截交线的形成可知,截交线具有以下特性:

(1) 截交线既在截平面上又在立体表面上,因此截交线是截平面与立体表面的共有线。截交线上的点是截平面与立体表面的共有点,如 F 点既在 P 平面上又在截切体上,是两者的共有点。

(2) 由于立体表面是封闭的,因此截交线一般是封闭的线框。

(3) 截交线的形状取决于立体表面的形状和截平面与立体间的相对位置。

二、求截交线的一般方法和步骤

求截交线就是求截平面与立体表面的一系列共有点,然后按直线或曲线的要求连接起来。求共有点的主要方法有:

(1) 积聚性法 借助直线或平面或圆柱面垂直投影面所具有的积聚特性求截交线。

(2) 辅助线法 在立体表面作辅助线求截交线。

(3) 辅助面法 在立体上作辅助面求截交线。

三、求截交线的具体作图步骤

(1) 找(求)出属于截交线上一系列的特殊点 这些点通常是截交线上最高最低点、最左最右点、最前最后点,通常可直接确定其各同投影或部分确定其投影。

(2) 求出若干一般点 这些点通常需要借助辅助线或面求出。

(3) 判别可见性 顺次连接各点(成折线或曲线)。

四、立体上各种常见的截交线形态

1. 平面立体上的截交线

截平面截切平面立体,其截交线为平面多边形。大多数情况下,截交线的形状取决截平面与平面立体的相对位置。如图 4-25 所示,立体被正垂面截切后,截切体上的截交线为平面封闭六边形线框,是正垂面与立体 6 个表面相交的结果。

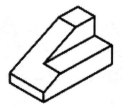

图 4-25 平面与立体表面相交

2. 圆柱上的截交线

如图 4-26 所示。

(1) 当截平面平行轴线时,其截交线为矩形,截平面距轴线的位置决定矩形的空间形状。

（2）当截平面垂直轴线时，其截交线为一个圆，圆的大小就是圆柱的直径。

（3）当截平面倾斜轴线时，其截交线为椭圆（或椭圆和直线），截平面倾斜轴线的角度决定椭圆的空间形状。

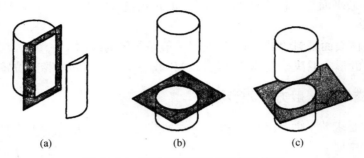

（a）　　　　　　　　（b）　　　　　　　　（c）

图 4 - 26 　圆柱与平面相交的各种情形

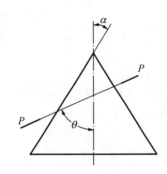

图 4 - 27 　平面截切圆锥的相对位置

3. 圆锥上的截交线

图 4 - 27 所示为平面截切圆锥的相对位置。

（1）当截平面垂直圆锥轴线时，$\theta = \alpha$ 时截交线为一个圆，截平面距底面的高度决定圆的直径大小，如图 4 - 28(a) 所示。

（2）当截平面倾斜圆锥轴线且 $\theta > \alpha$ 时，截交线为平面曲线（由椭圆或椭圆弧和直线形成），截平面距底面的高度及与轴线倾斜的角度决定截交线的形状和大小，如图 4 - 28(b) 所示。

（3）当截平面倾斜于圆锥轴线并与圆锥某一素线平行时，$\theta = \alpha$，截交线为平面曲线（由抛物线和直线形成），截平面距底面的高度决定截交线的形状和大小，如图 4 - 28(c) 所示。

（4）当截平面与圆锥相交但不过圆锥顶点时，且 $\theta < \alpha$，截交线为平面曲线（由双曲线和直线形成），截平面距轴线的距离决定截交线的形状和大小，如图 4 - 28(d) 所示。

（5）当截平面过圆锥顶点时，截交线为一个平面三角形，如图 4 - 28(e) 所示。

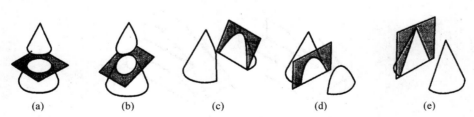

（a）　　　　（b）　　　　（c）　　　　（d）　　　　（e）

图 4 - 28 　圆锥与平面相交的各种情形

4. 圆球上的截交线

截平面截切圆球，截交线总是一个圆，其直径取决截平面与球心的相对位置，如图 4 - 29 所示。

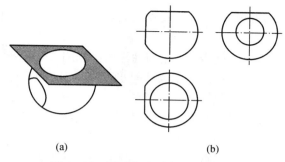

图 4-29　圆球与水平面相交的情形

例 4-1　用积聚性法画图 4-25 所示物体的三视图。

分析　图 4-25 所示物体原本是一四棱柱,在切去一小四棱柱后,形成一简单形体,后又经被一正垂面截切后形成。正垂面与图示物体的六个平面相交,AB、EF、CD 直线为正垂线,BC、ED、AF 为正平线,形成一封闭的平面六边形截交线,只要将截交线绘出,便可画出物体三视图。

作图步骤如图 4-30 所示:

(1) 找(求)出属于截交线上一系列的特殊点。画出被正垂面截切前物体的三视图,并在主视图上确定截平面位置,同时根据截交线性质和平面的积聚性确定截交线在主、左视图上的一系列特殊点,如图 4-30(a、b)所示。

(2) 判别可见性,顺次连接各点。根据正投影规律在俯视图上定出截交线各段直线的

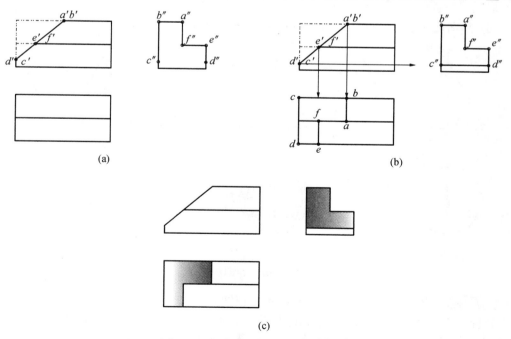

图 4-30　物体三视图的作图步骤

端点,判断各点的可见性,并顺次连接各段直线,擦去辅助作图线,并加粗可见轮廓线,如图 4-30(c)所示。

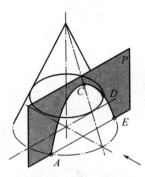

图 4-31 圆锥与平面相交

例 4-2 用辅助平面法画图 3-31 所示物体的三视图。

分析 图示物体是圆锥被一正平面截切后的物体,截交线是由双曲线和直线组成的平面封闭线框。由于正平面垂直于 H 面,其水平投影为一水平直线,截交线必在该直线上。又由于正垂面垂直于 W 面,其投影为一竖直线,截交线的侧面投影必在该直线上。根据截交线水平和侧面投影可画出其正面投影。

作图步骤:

(1) 找出属于截交线上一系列的特殊点。根据双曲线的特点,截交线上的特殊点有 A、C、E 3 点。C 点是截交线上最高点,也是中间点,可在俯、左视图直接确定其水平投影 c 和正面投影 c'';截交线上最低点 A 和 E 既是双曲线的最低点,又是 AE 直线和双曲线的最左和最右点,同样可根据正投影规律确定其在俯、左视图上的投影 a、a''、e、e'' 点,根据 3 个特殊点的两个投影可在主视图上确定它们的投影点,如图 4-32(a)所示。

(2) 求出若干一般点。在 A、C 之间作辅助水平面,水平面与圆锥产生的截交线为水平圆,在正面的投影为水平直线,水平投影为圆,水平圆必与双曲线相交,交点即为截交线上的点,可确定 B、D 的侧面投影 b''、d'' 点。在俯视图上作出水平圆的水平投影,与截交线水平投影的交点即为截交线上点 b、d,根据 b、d 和 b''、d'' 确定 b'、d'。根据这种方法画出截交线上一系列的一般点,如图 4-32(b)所示。

(3) 判别截交线上各点在 V 面上的可见性,顺次连接各点,如图 4-32(c)所示。

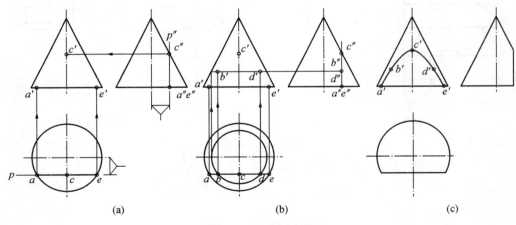

(a) (b) (c)

图 4-32 作图步骤

例 4-3 根据图 4-33 所示物体的主左视图画出其俯视图。

分析 图示物体可看作由圆锥和圆柱组成的物体经一水平面和正垂面组合切割后而成,水平面切割了左边的圆锥和圆柱的一部分,形成一开口的由双曲线和两直线组成的截交

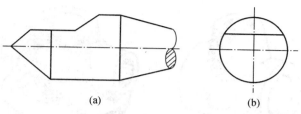

图 4-33　物体的主左视图

线。正垂面斜切了圆柱的一部分，形成一开口的椭圆弧，两截平面的交线为正垂线。截交线在主左视图上与圆形轮廓线重合。关键是求画俯视图上截交线。

作图步骤如图 4-34 所示：

（1）找出属于截交线上一系列的特殊点。找出截交线上 C、D、G 点正面投影 c'、d'、g' 和侧面投影 c''、d''、g''点，然后根据正投影规律画出其水平投影 c、d、g 点。

（2）求出若干一般点。利用积聚性确定 E、F 等点正面投影 e'、f' 点和侧面投影 e''、f''，求出其水平投影 e、f 点。

（3）判别截交线上各点的可见性，顺次连接各点。

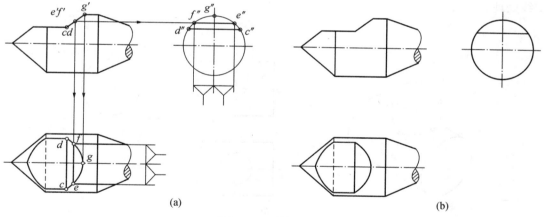

图 3-34　作图步骤

4.3　相贯线的画法

许多物体可以看作由两个基本体（或简单形体）相交形成的，两立体表面相交形成的交线称为**相贯线**，相贯线实质上是物体上的轮廓线。由于相贯线一般情况下为空间曲线，作图相对较困难，为准确表达物体的形状，有必要研究相贯线的画法。图 4-35 所示零件上都存在相贯线。

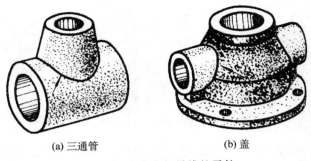

(a) 三通管　　　　　　　　(b) 盖

图 4 - 35　存在相贯线的零件

一、相贯线的特性

如图 4 - 36 所示,两圆柱正交时在立体表面产生了相贯线(空间曲线 $ABCEF$)。两立体可能是两平面立体相交,也可能是两回转体相交,还有可能是平面立体与回转体相交。不论何种情形,在立体表面都会产生相贯线,但平面立体上平面与其他立体相交,产生的相贯线由多段平面曲线形成,故对于平面立体与其他立体相交产生的相贯线,往往将其归结到求截交线处理。

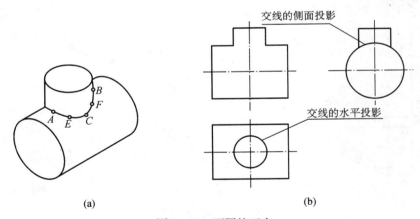

(a)　　　　　　　　　　　　　(b)

图 4 - 36　两圆柱正交

相贯线的性质包括:

(1) 相贯线是两立体表面的共有线,也是两相交立体的分界线(轮廓线)。相贯线上的点都是两立体表面的共有点。图 4 - 36 中的 A、B、C、E、F 点既是相贯线上的点,又是水平圆柱和直立圆柱面上的点。

(2) 由于立体的表面是封闭的,因此相贯线一般情况下是封闭的线框。

(3) 相贯线的形状决定于立体的形状、大小及两回转体的相对位置。一般情况下相贯线是空间曲线框,在特殊情况下是平面曲线框或直线框。

二、求画相贯线的方法与步骤

求画相贯线就是要求出相贯线上一系列的共有点,然后按顺序连接,画出相贯线。

1. 求共有点的方法

(1)积聚性法(又称表面取点法)　两回转体相交,如果其中有一个是轴线垂直于投影面的圆柱,则相贯线在该投影面上的投影就积聚在圆柱面的具有积聚性的投影圆周上。

(2)辅助平面法　作一辅助平面与相贯的两回转体相交,分别作出辅助平面与两形体的截交线,这两条截交线的交点必为两立体表面的共有点,即相贯线上的点。

(3)辅助同心球面法　作辅助同心球面求共有点。这种方法一般较少采用。

2. 画相贯线的作图步骤

(1)找出相贯线一系列的特殊点　相贯线上的最高、最低、最前、最后、最左、最右点,这些点投影一般都可从相应视图上直接找到。

(2)求出一般点　这些一般点往往需要借助辅助线、辅助面求出。

(3)判别可见性　相贯线上的点可能可见,可能不可见,要注意区分。

(4)顺次连接各点的同面投影　在找出若干共有点后,依共有点在相贯线的位置依次连接各点。

(5)整理轮廓线　相贯线可见部分画粗实线,不可见部分画虚线,同时擦除作图线。

三、物体上常见的相贯线

1. 圆锥与圆柱相贯

圆锥与圆柱相切的情况:

(1)水平圆柱穿过圆锥,产生两支对称的相贯线(空间曲线),如图 4 - 37(a)所示。

(2)水平圆柱与圆锥相贯,当具有公共内切球时,相贯线为两支相交的平面椭圆,如图 4 - 37(b)所示。

(3)当圆锥穿过圆柱时,产生上下两支不对称的相贯线(空间曲线),如图 4 - 37(c)所示。

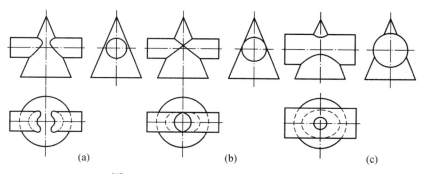

(a)　　　　　　　(b)　　　　　　　(c)

图 4 - 37　圆柱与圆锥正交的 3 种情况

2. 圆柱与圆柱相贯

两圆柱相贯,一般情况下形成的是空间曲线,这时两圆柱直径大小不等,如图4-38所示。

(1) 直径相等的两圆柱轴线正交时,相贯线为相交的两平面椭圆,如图4-38(a)所示。

(2) 直径相等的两圆柱轴线斜交时,相贯线为一大一小彼此相交的平面椭圆,如图4-38(b)所示。

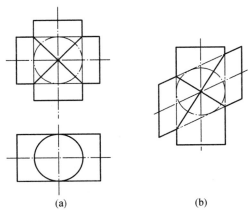

(a)　　　　　　　　　(b)

图4-38 具有公共内切球的两圆柱体表面交线

3. 同轴回转体相贯

同轴回转体相贯情况:

(1) 圆柱与圆锥同轴相贯,相贯线为平面圆,如图4-39(a)所示,为水平圆。

(2) 圆锥与圆球同轴相贯,相贯线为平面圆,如图4-39(b)所示,为水平圆。

(3) 圆柱与圆球同轴相贯,相贯线为平面圆,如图4-39(c)所示,为正垂圆。

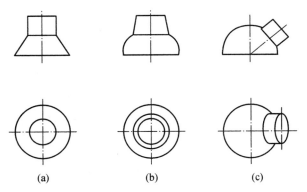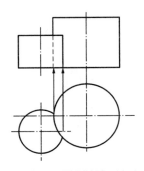

(a)　　　　　(b)　　　　　(c)

图4-39 同轴回转体的表面交线　　　　**图4-40** 两圆柱轴线平行相贯

4. 相贯线上包含有直线的情形

如图4-40所示,两圆柱轴线平行相贯,相贯线为包含直线的一条开口的空间曲线(由两条直线和一条水平圆弧组成)。

5. 两圆柱正交并穿孔时相贯情形

如图 4-41 所示,两圆筒正交并穿孔产生 4 条相贯线,内外各两条。

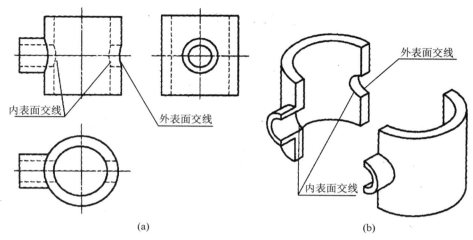

(a)　　　　　　　　　　　　　　　(b)

图 4-41　两圆柱穿孔的表面交线

例 4-4　图 4-42 所示为圆柱与圆锥正交情况,求画立体主左视图上的相贯线。

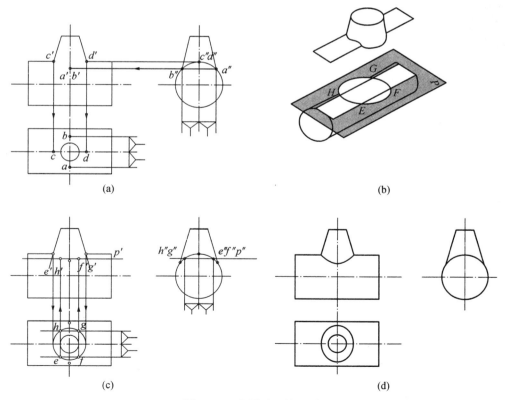

(a)　　　　　　　　　　　　　　　(b)

(c)　　　　　　　　　　　　　　　(d)

图 4-42　圆柱与圆锥正交

分析　　圆柱与圆锥正交,圆柱面与圆锥面相交,相贯线是封闭的空间曲线,相贯线在左视图上与水平圆柱的轮廓线重合。可根据相贯线形状的特点,直接定出相贯线上的特殊点,然后借助辅助水平面求出一系列的一般点。

作图过程:

(1) 找出一系列的特殊点。A、B、C、D 点分别是相贯线上的最前、最后、最左和最右点。这些点可根据水平圆柱在左视图上具有积聚性和点的投影规律,直接定出其各面投影。

(2) 求出一般点。在左视图相贯线上定出相贯线的一般点 E、F、G、H,过这些点作辅助水平面,水平面截切水平圆柱的截交线为平面矩形,切圆锥为水平圆。两截交线的交点为相贯线上的一般点 E、F、G、H 的水平投影,根据各点水平和侧面投影求出其正面投影。

(3) 判别可见性。求画出相贯线上的各点后,要确定主左视图上各共有点的可见性。

(4) 顺次连接各点的同面投影,视图上相贯线可见部分画成粗实线,不可见部分画成虚线。

(5) 整理轮廓线并擦去作图辅助线。

图 4 - 43　圆柱与圆柱
正交

例 4 - 5　图 4 - 43 所示为圆柱与圆柱正交,根据图示主视图方向画出物体的三视图。

分析　　圆柱与圆柱正交,两圆柱表面产生封闭的曲线(相贯线),相贯线前后左右对称。水平圆柱在 W 面上具有积聚性,相贯线在左视图上积聚成一段圆弧,在水平圆柱的 W 面投影圆上;直立圆柱在 H 面上具有积聚性,相贯线在俯视图上与直立圆柱的水平投影圆重合。利用求相贯线的积聚性可方便画出立体相贯线。

作图过程如图 4 - 44 所示:

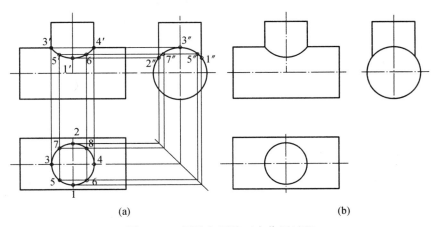

(a)　　　　　　　　　　　　　　(b)

图 4 - 44　圆柱与圆柱正交作图过程

(1) 找出一系列的特殊点。立体上 1、2、3、4 点分别是相贯线上的最前、最后、最左和最右点,这些点可在相贯线的水平和侧面投影定出,根据点的投影规律确定其正面投影。

（2）求出一般点。在俯视图相贯线定出相贯线的一般点 5、6、7、8 点水平投影，根据点的投影规律，确定这些点的侧面投影，根据点的投影规律确定其正面投影。

（3）判别可见性。求画出相贯线上的各点后，确定主左视图上各共有点的可见性。

（4）顺次连接主视图上各点的同面投影，视图上相贯线可见部分画成粗实线，不可见部分画成虚线。

（5）整理轮廓线，并擦去作图辅助线

组合体视图的画法、标注与识读

图 5-1 组合体零件

　　组合体可以看作由基本形体以一定的方式组合而成的立体,图5-1所示的轴承座就是组合体零件,显然比基本体形状复杂。常见的机件常以组合体形态出现,故有必要研究组合体的三视图的画法、尺寸标注和视图识读。本章教学重点是组合体三视图画法,教学难点是组合体视图的尺寸标注,可依据教学对象选择重点内容教学。

5.1　组 合 体 概 述

一、组合体的概念

　　由基本形体组成的复杂形体称为**组合体**。基本形体可以是完整的基本体,如圆柱、圆锥、棱柱、棱锥等,也可以是不完整的基本体以及由基本体简单组合而成的立体。图5-2所

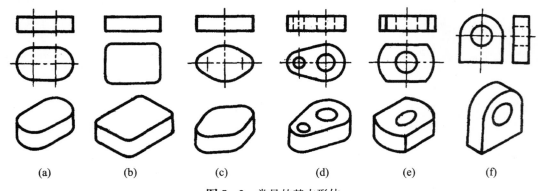

| (a) | (b) | (c) | (d) | (e) | (f) |

图 5-2　常见的基本形体

示为常见的基本形体,实质上它们是一些简单的组合体,因为形状简单,其空间形状容易想象,故将其归结到简单形体。

二、组合体的组合形式及其分类

组合体的组合方式有堆叠、挖切和综合 3 种。图 5 - 3 所示零件都是组合体零件,图(a)物体可看作由两个四棱柱和一个三棱柱叠加而成,图(b)可看作是由一个大的四棱柱切去两个四棱柱所形成,图(c)可看作是由多个基本体经叠加和切割而形成的物体。故为分析方便,将组合体组成方式分为以下 3 种形式:

(1) 堆叠　组合体由基本形体叠加而成,称为**叠加型组合体**。

(2) 挖切　组合体由基本形体挖切而成,称为**切割型组合体**。

(3) 综合　组合体由基本形体堆叠和挖切而成,称为**综合型组合体**。

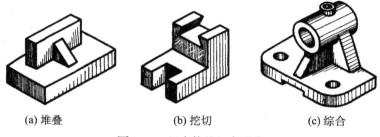

(a) 堆叠　　　　　　(b) 挖切　　　　　　(c) 综合

图 5 - 3　组合体的组合形式

三、组合体表面间的相对位置关系

分析组合体形状有必要分析其相邻表面间的相对位置关系。组合体相邻表面间的相对位置有 3 种:平齐或不平齐、相交和相切。

1. 平齐与不平齐

当组合体上相邻两表面为平齐时,两表面间不画出轮廓线;但当两表面不平齐时,两表面间要画出轮廓线。如图 5 - 4 所示为形体表面平齐和不平齐时的画法。

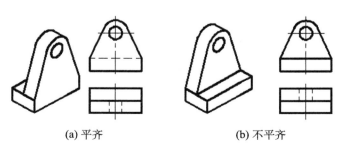

(a) 平齐　　　　　　　　　　(b) 不平齐

图 5 - 4　形体间表面平齐与不平齐的画法

2. 相交

组合体相邻表面相交时,有截交和相贯两种情况。平面与组合体相邻表面相交所形成的交线是截交线,曲面与组合体相邻表面(曲面)相交时的交线是相贯线。无论是截交线或相贯线,都是组合体表面的轮廓线,如图5-5、图5-6所示。

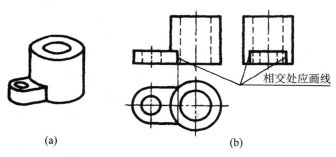

图5-5 形体间表面相交(截交)的画法

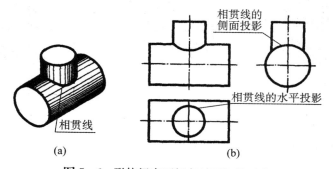

图5-6 形体间表面相交(相贯)的画法

3. 相切

组合体相邻表面光滑连接,称为**相切**,有平面或曲面与曲面相交两种情形,其交线的画法如图5-7和图5-8所示。当两曲面相切,而公切线垂直某一投影面时,交线要画出,如图5-8(e、f)所示。

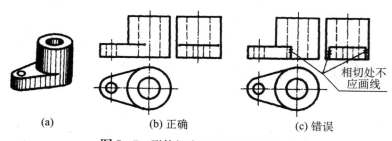

图5-7 形体间表面相切的画法(一)

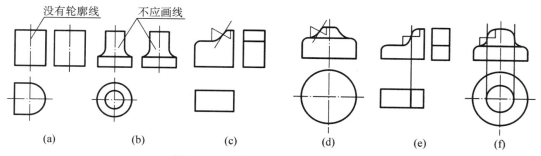

没有轮廓线　不应画线

(a)　　　　(b)　　　　(c)　　　　(d)　　　　(e)　　　　(f)

图 5-8　形体间表面相切的画法(二)

四、形体分析法

　　形体分析法是指将组合体按照其组成方式,假想分解为若干基本形体,以便弄清楚各基本形体的形状、组合形式、相对位置以及相邻形体表面间关系,便于画图、看图和标注尺寸,是指导组合体画图、识图、尺寸标注的一种主要分析方法。

　　图 5-9 所示的支座就是运用形体分析法,假想将其分解为 6 个基本形体:底板、直立空心圆柱、水平空心圆柱、扁空心圆柱、肋板和搭子。是多拆或少拆,可根据自己的需要而定。但要注意组合体是假想拆分的,如真能拆分为多个立体,那就不是一个组合体。

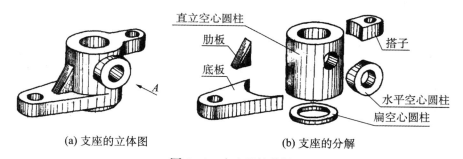

直立空心圆柱

肋板

底板

搭子

水平空心圆柱

扁空心圆柱

(a) 支座的立体图　　　　　　　(b) 支座的分解

图 5-9　支座形体分析

5.2　组合体视图的画法

　　绘制组合体三视图是为了准确表达组合体机件的形状。在画组合体视图之前,首先应对组合体进行形体和尺寸分析,分析组合体的形状特点、组合方式、具体组成、各基本形体形状及相对位置、相邻表面关系及尺寸。如果组合体没给出具体尺寸,设计者必须自己确定,否则必须对组合体进行测绘以获得全部尺寸数据。画组合体视图的方法与步骤如下:

　　(1) 形体分析。图 5-10 所示的轴承座是综合型组合体零件,运用形体分析法原理,可假想将其拆分为 5 个基本形体:底板、圆筒轴承、支承板、加强肋板和凸台。弄清楚各基本形体的形状、组合形式和它们之间的相对位置,以便于画图。

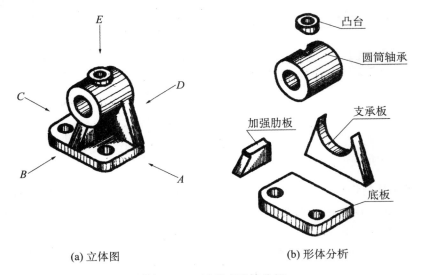

(a) 立体图   (b) 形体分析

图 5 - 10   轴承座形体分析

(2) 选择视图。选择视图一要考虑视图的投影方向,二是要考虑视图的摆放位置。

主视图是组合体 3 个视图中最重要的一个视图,首先确定主视图的投影方向,选择最能反映组合体形状特征的方向作为主视图投影方向。图 5 - 10 中的轴承座可从 A 或 B 向看,整个轴承座形体特征最为明显,而其他视图上虚线最少,可作为主视图的投影方向。但要注意,并非每个基本形体在主视图上形体特征都最明显,如底板在 E 方向形状特征最明显,这就是整体和局部形状特征的关系。

在主视图投影方向确定之后,接着需要确定好组合体摆放位置。作为零件要考虑零件的主要加工位置原则、工作位置原则及自然安放位置原则,以便于加工看图和测量检验。通常,让组合体主要表面平行于投影面,方便作图并能反映其实形。

在主视图选择好后,确定俯、左视图投影方向。

(3) 根据组合体大小及形状复杂程度,选择恰当大小的图纸幅面和比例。

(4) 在图纸上恰当位置布置视图,并考虑尺寸标注、标题栏等的位置,画 3 条作图基准线,以确定各视图在图纸上的恰当位置。通常选择零件的对称线、主要的加工表面、轴线等作为画图基准线,以确定各视图 3 个方向的位置,如图 5 - 11(a)所示。

(5) 画底稿。先画组合体的主要形体,再画次要形体。注意每个形体的 3 个视图一起画,以免出错。至于每个形体是先画其主视图或其他,应根据各形体特征予以确定,如图 5 - 11(b、c、d、e)所示。

(6) 仔细检查各视图,擦除多余作图线,将视图的各线型描深或画粗,如图 5 - 11(f)所示。

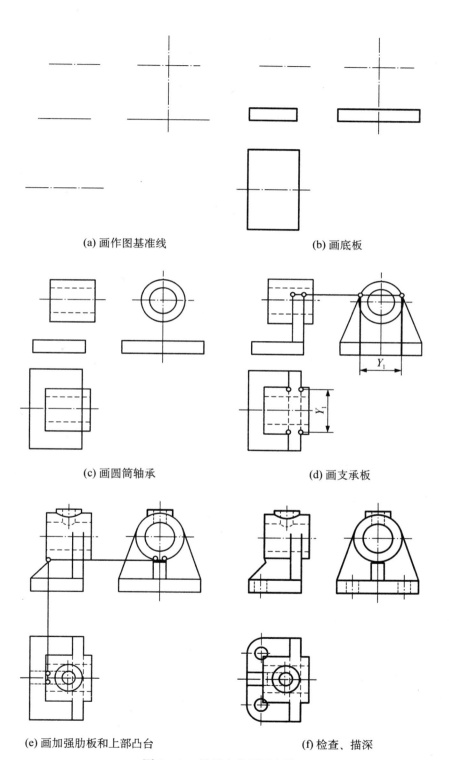

(a) 画作图基准线　　　　　　　　　　　(b) 画底板

(c) 画圆筒轴承　　　　　　　　　　　(d) 画支承板

(e) 画加强肋板和上部凸台　　　　　　　(f) 检查、描深

图 5 - 11　轴承座的画图步骤

图 5 - 12 所示是切割型组合体,图 5 - 13 所示是切割型组合体三视图的作图过程。

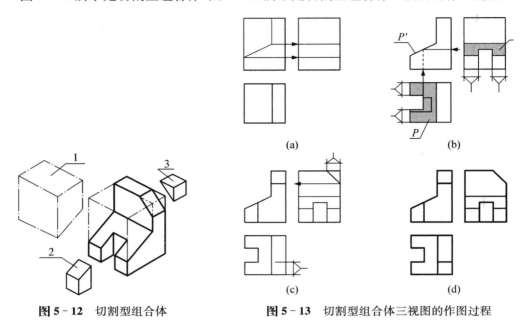

图 5 - 12 切割型组合体   图 5 - 13 切割型组合体三视图的作图过程

5.3 组合体尺寸标注

组合体三视图所反映的仅是物体的形状,要表示其外形尺寸、各组成形体的大小及相对位置的真实大小,则要对其视图标注尺寸。尺寸标注要满足正确、齐全、清晰和合理方面的要求。

一、标注尺寸的基本要求

(1) 正确 尺寸标注要符合国家标准的相关规定。

(2) 齐全 尺寸标注要完整,如果尺寸数不够,说明组合体大小没有完全确定;如果尺寸数多了,说明已出现重复标注。特别要注意有些尺寸可以根据相邻尺寸推算出来,并非每处都要标全尺寸,这涉及尺寸标注合理方面的要求。

(3) 清晰 尺寸标注要清晰,方便读者通过视图想象组合体形状和查找组合体的相关尺寸。

(4) 合理 尺寸标注要合理,指尺寸标注要方便加工和测量,是针对零件图和装配图来说的,本章不作过多要求。

二、常见基本形体的尺寸标注

生活中的物体可以是以基本体形态出现的,也可以是以组合态出现的。为表示基本形体的大小,需对其进行尺寸标注。特别要注意,不要在截交线和相贯线上标注尺寸,只需表示截平面的位置和两相贯体的相对位置即可。图 5 - 14 ～ 图 5 - 18 所示的是一些简单形体

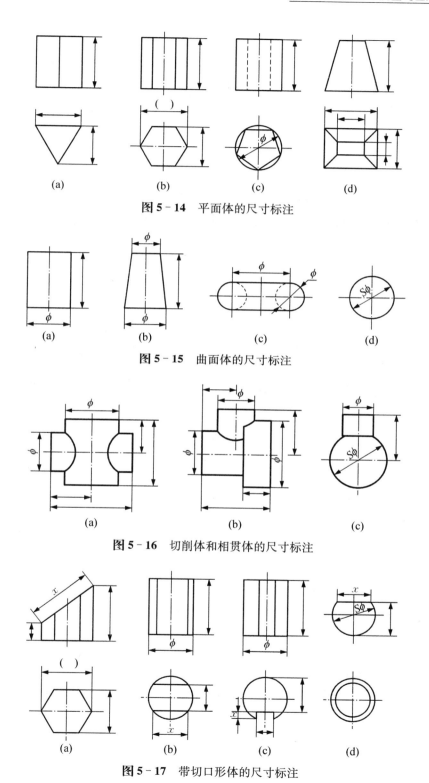

图 5 - 14　平面体的尺寸标注

图 5 - 15　曲面体的尺寸标注

图 5 - 16　切削体和相贯体的尺寸标注

图 5 - 17　带切口形体的尺寸标注

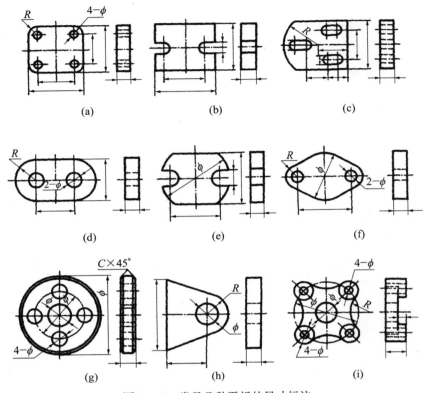

图 5 - 18   常见几种平板的尺寸标注

的尺寸标注示例。在图 5 - 15 中,简单形体标注中的总体尺寸标注形式也要引起注意。

三、组合体尺寸标注的具体要求举例

1. **正确、完整**

(1) 恰当选择 3 个方向的尺寸基准。

(2) 尺寸标注要符合国家标准的有关规定。

(3) 逐个注出各基本形体的定形尺寸。

(4) 标注出确定各基本体之间相对位置的定位尺寸。

(5) 为了表示组合体的总长、总宽、总高,一般应标注出相应的尺寸,特殊情况除外。

2. **清晰、合理**

(1) 尺寸应尽量标注在表示形体特征最明显的视图上。如图 5 - 19 所示,底板在俯视图上形体特征最明显,故在俯视图左端上标注 $R22$ 和 $\phi22$ 尺寸;在主视图中反映其高度特征明显,故在主视图上标注 20 尺寸。

(2) 同一基本形体的定形尺寸,以及相关联的定位尺寸尽量集中标注。

(3) 尺寸应尽量注在视图的外侧,以保持图形的清晰。

（4）同心圆柱的直径尺寸尽量标注在非圆视图上,而圆弧的半径尺寸则必须注在投影为圆弧的视图上。

（5）尽量避免在虚线上标注尺寸。

（6）尺寸线、尺寸界线与轮廓线应避免相交。相互平行的尺寸应按小尺寸在内,大尺寸在外的原则排列。

（7）内形尺寸和外形尺寸最好分别注在视图的两侧,如图 5‐19 中俯视图左端的 $R22$ 和 $\phi22$ 尺寸。

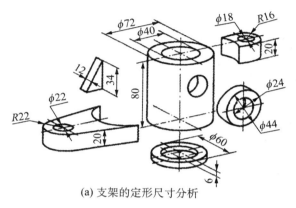

(a) 支架的定形尺寸分析　　　　　　　　　　　(b) 支架的定位尺寸分析

图 5‐19　支架

3. 方法和步骤

（1）**形体分析**　图 5‐19 所示的支架,是综合型组合体,现将其假想分解成 6 个基本形体,每个基本形体的形状特点需要弄清楚,因为这些基本形体本身就是组合体;还须清楚各个基本形体的相对位置,以及表面间的关系。

（2）**选定尺寸基准**　尺寸基准是表示标注尺寸的起点位置,相对应物体上的一些主要的点、线、面,组合体在 3 个方向均须标注尺寸,分别表示其长、宽、高尺寸,故组合体 3 个方向上都要选定尺寸基准。但一个方向上只能有一个主要尺寸基准,故有时还需选择若干辅助尺寸基准,而且主辅尺寸基准之间必须有联系尺寸。现选定支架高度方向的尺寸基准是支架的顶面,长度方向的尺寸基准是大圆筒的轴线,宽度方向的尺寸基准是支架的前后基本对称面,如图 5‐20 中黑色三角形所示。

（3）**标注定形尺寸**　标注出表示每个基本形体大小的尺寸,如大圆筒的定形尺寸 $\phi72$、$\phi40$、$\phi24$ 和 80。

（4）**标注定位尺寸**　标注出各相邻基本形体相对位置尺寸,如右端耳板的定位尺寸 52、0。

（5）**标注总体尺寸**　一般组合体均需标注总长、总宽和总高尺寸。但有特殊情况,支架的总高尺寸为 86,总宽尺寸为大圆筒的半径 36 加上定位尺寸 48,不需另外标注总宽尺寸。由于支架左右两端均为圆柱面,故总长尺寸为 $80+52+R22+R16$,同样不需另外标注总长

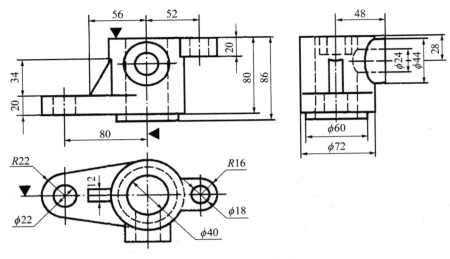

图 5-20 支架的尺寸标注

尺寸。

（6）进行尺寸调整 支架底部圆筒的高度本应为 6，由于要优先标注支架的总高尺寸及大圆筒的高度，故调整尺寸后，支架底部圆筒的高度由 86−80 获得。

5.4 识读组合体视图

一、读组合体视图的基本知识

读组合体视图是指通过阅读组合体三视图，想象出组合体的空间形状，确定组合体各部分的真实大小。阅读组合体视图有一些基本的方法，关键还在于对点、线、面和立体投影规律的掌握程度，故要多画、多看、多想，加强日常训练，方能提高识图水平。

1. 图线、图框的基本含义

图 5-21 所示是组合体的主、俯视图，视图上包含有多条图线和线框，要理解每条图线和每个线框的含义，有时一条图线和线框有多重含义，必须清楚。

2. 看图注意要点

（1）非常熟悉各基本形体的形体特征和三视图 图 5-22 所示是一些基本体的三视图，要求非常熟悉其形状特点及三视图表达。

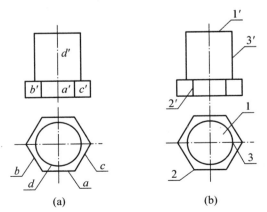

图 5-21 视图中线框和图线的含义

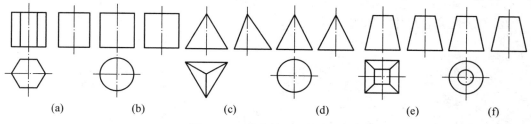

图 5 - 22　基本体的形体特征

（2）几个视图联系起来看　如图 5 - 23 所示，4 个组合体的主视图都相同，若只看其中的两个视图不能确定视图所对应的物体是哪一个，故识图时要几个视图一起看。

（3）寻找特征视图　在图 5 - 23 中，各组合体的特征视图均为左视图。但要注意组合体是由多个形体构成，不仅要寻找组合体特征视图，还要寻找各形体的特征视图，通常两者并不在同一视图上。

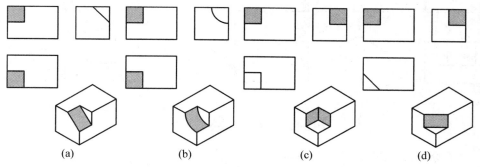

图 5 - 23　几个视图联系起来分析才能确定物体形状

（4）分析、认清形体各相邻表面间的相对位置　当相连的两线框表示不共面、不相切的两不同位置表面时，其两线框的分界线可以表示具有积聚性的第三表面或两表面的交线。线框里有另一线框，可以表示凸起或凹进的表面，也可以表示具有积聚性的通孔的内表面。

二、读图的基本方法

1. 形体分析法（是读图的基本方法，适应各种组合体）

一般是从反映物体形状特征的主视图着手，对照其他视图，初步分析出该物体是由哪些基本形体以及通过什么组合方式形成的。然后按照投影特性逐个找出各基本体在其他视图中的投影，以确定各基本体的形状和它们之间的相对位置。最后综合想象出物体的总体形状。其看图步骤如下：

（1）分线框，对投影　图 5 - 24 所示为组合体的主、俯视图和立体图，在主视图上将组合体分成 4 个线框，对应其 4 个形体，各形体的位置如图上所示。然后在俯视图上找到对应的各个形体的投影。

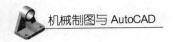机械制图与AutoCAD

（2）识形体，定位置　根据各个形体的主、俯视图确定各形体的形状和相对位置。

（3）综合起来想总体　如图 5-25 所示。

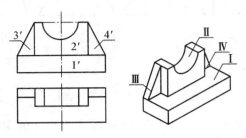

图 5-24　将主视图划分为 4 个部分

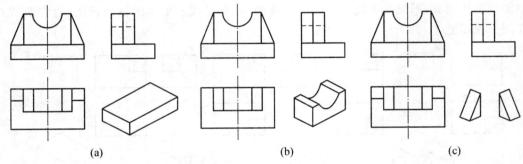

(a)　　　　　　　　(b)　　　　　　　　(c)

图 5-25　运用形体分析法读图

2. 线面分析法（适应切割型组合体）

当形体被多个平面切割、形体的形状不规则或在某视图中形体结构重叠时，需要运用线、面投影理论来分析物体的表面形状、面与面的相对位置以及面与面的表面交线，并借助立体的概念来想象线面的空间形状，进而想象出物体的形状。需要强调的是，除组合体 3 个视图外，组合体上的各个点、线、面都符合三视图投影规律。看图步骤如下：

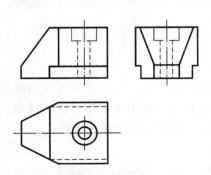

图 5-26　压板三视图

（1）分线框，识面形　图 5-26 所示为压板的三视图，从三视图可看出这是切割型组合体，是一个四棱柱经多个面切割后形成的。现将视图上分成 4 个线框，对应压板上的 4 个平面，根据各线框对应的投影，找到另外两个视图上的投影，根据平面的 3 个视图确定各个平面的类型和空间形状，如图 5-27（a、b、c）所示。

（2）识交线，想形状　面面相交要产生交线，根据这些交线的位置、形状，最后通过面线位置和形状想象出物体的形状，如图 5-27（d）所示。

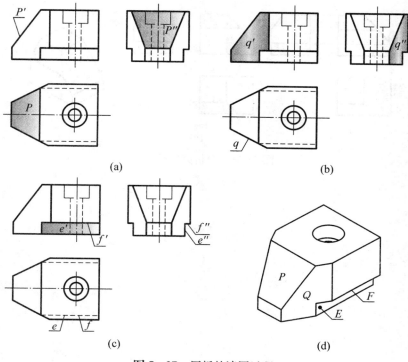

(a)　　　　　　　　　(b)

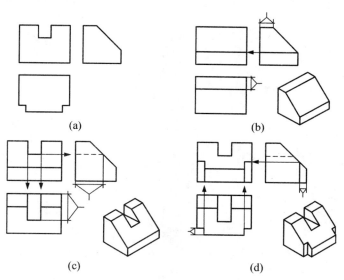

(c)　　　　　　　　　(d)

图 5 - 27　压板的读图过程

三、补画视图中的漏线

通过练习训练补画组合体三视图中的漏线,强化所学内容,如图 5 - 28、图 5 - 29 所示。

(a)　　　　　　　　　(b)

(c)　　　　　　　　　(d)

图 5 - 28　补画三视图中漏线

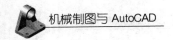

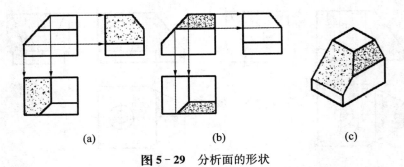

(a)　　　　　　　　　　(b)　　　　　　　　　　(c)

图 5 - 29　分析面的形状

第6章

·机械制图与 AutoCAD·

轴测图的画法

物体三视图的优点是作图简单，度量性好，可以完全确定物体的形状和大小。根据这种图样可以制造出所表示的所有机件，但立体感差，缺乏看图基础的人难以看懂。因此，工程中有时也采用富有立体感，但作图较繁和度量性较差的单面投影图（轴测图）作为辅助图样，帮助看懂多面正投影图。轴测图种类很多，本着够用原则，本章只介绍正等轴测图和斜二轴测图，教学重点是轴测图的画法，教学难点是轴测图的形成与画法，教师可根据教学对象灵活选择教学内容。

6.1 轴测投影概述

一、轴测图的形成

将物体连同确定其空间位置的参考直角坐标系，沿不平行于任一坐标面（指参考坐标面）的方向，用平行投影法将其投影在单一投影面上，所得的具有立体感的图形称为**轴测图**。轴测投影面用 P 表示，参考直角坐标轴 OX_0、OY_0、OZ_0 轴及坐标原点 O_0 在 P 面上的投影分别是 OX、OY、OY、O，称为**轴测轴**和**轴测坐标原点**。图 6-1(a)所示为正轴测图和正投

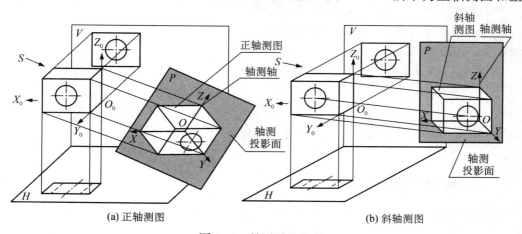

(a) 正轴测图　　　　　　　　　　　　(b) 斜轴测图

图 6-1　轴测图的形成

影的投影特点,图 6-1(b)所示为斜轴测图和正投影的投影特点。

二、轴测图的分类

1. 轴测投影方向

按轴测投影方向是否垂直轴测投影面,轴测图可分为两大类:

(1)正轴测图　轴测投影方向垂直于轴测投影面 P 的轴测图称为**正轴测图**。

(2)斜轴测图　轴测投影方向倾斜于轴测投影面的轴测图称为**斜轴测图**。

2. 轴间角和轴向伸缩系数

(1)轴间角　指两轴测轴间的夹角,调整轴间角可控制轴测投影的形状变化。

(2)轴向伸缩系数　物体上平行于参考直角坐标轴的直线段,对轴测投影面进行投影后,直线轴测投影的长度与其空间长度的比值,称为**轴向伸缩系数**,用 p、q、r 分别表示轴测轴 X、Y、Z 的轴向伸缩系数。利用轴向伸缩系数的改变可控制轴测投影的大小变化。图 6-2 所示是正等轴测图和斜二轴测图的轴间角和轴向伸缩系数。

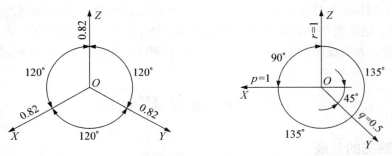

图 6-2　正等、斜二轴测图的轴间角和轴向伸缩系数

三、轴测图的基本性质

轴测图的投影均为平行投影,正投影或斜投影,轴测图具有平行投影的性质。

(1)若物体上两直线段平行,则其轴测投影必相互平行。

(2)凡与参考直角坐标轴平行的直线段,其轴测投影必平行相应的轴测轴,且伸缩系数与相应轴测轴的伸缩系数相同。

画轴测图时,沿轴测轴或平行于轴测轴的方向才可以度量,轴测图因此而得名。

6.2　正等轴测图的画法

一、正等轴测图的形成

在物体上建立确定其空间位置的参考直角坐标系,让物体上参考直角坐标系的 3 个坐标轴与轴测投影面倾斜且倾角相等,用正投影法将物体连同参考坐标系一起向轴测投影面投影所得的图形,叫**正等轴测图**。

（1）轴间角　正等轴测图的各轴测轴之间的轴间角都是 120°,如图 6 - 3 所示。通常让 OZ 轴处在竖直线的位置画出轴测投影的 3 根轴测轴。

（2）轴向伸缩系数　由于参考坐标各轴与 P 面倾斜且倾角相等,故正等轴测图的各轴向伸缩系数均为 0.82。为作图方便,通常取简化值 $p = q = r = 1$,相当于将物体的正等轴测图放大了 $1/0.82 = 1.22$ 倍,如图 6 - 3 所示。

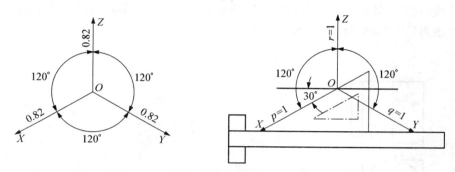

图 6 - 3　正等轴测图的轴间角和轴向伸缩系数

二、正等轴测图的画法

正等轴测图的画法有坐标法、切割法和叠加法 3 种,其中坐标法是最基本的作图方法,初学者首先要掌握。

1. 平面立体的画法

图 6 - 4 所示为正六棱柱采用坐标法绘制正等轴测图过程。

（1）首先画出正六棱柱主、俯视图,在正六棱柱顶面建立参考坐标系(X_0、Y_0、Z_0 轴和坐标原点 O_0）。

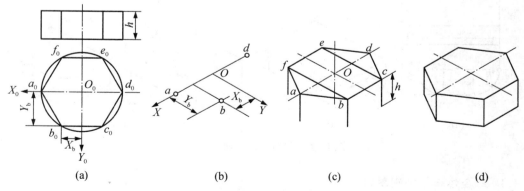

(a)	(b)	(c)	(d)

图 6 - 4　正六棱柱的正等轴测图画法

（2）画出轴测轴 OX、OY、OZ 及坐标原点 O。

（3）根据正六棱柱顶面的各角点的坐标，分别在轴测图定出其轴测投影，并画出顶面的正等轴测图。

（4）画出正六棱柱的 6 条侧棱线，顺序连接各棱线的下端点，画出下底面的正六棱柱的轴测投影。擦去作图线和不可见轮廓线，完成正六棱柱的轴测图。

2. 回转体的正等轴测图的画法

图 6-5 所示为圆柱的正等轴测图画法。由于水平圆的轴测投影为椭圆，故首先定出上水平圆外接四边形（矩形），画出矩形的正等轴测图。再根据矩形画出上下水平圆的轴测图，然后画出轴测投影的两条转向轮廓素线，完成作图过程。

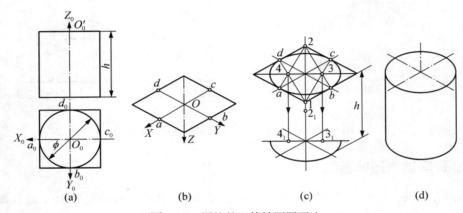

（a）　　　　　　（b）　　　　　　（c）　　　　　　（d）

图 6-5　圆柱的正等轴测图画法

3. 平行于基本投影面圆角的轴测画法

平行于基本投影面圆角的正等轴测图画法，如图 6-6 所示。

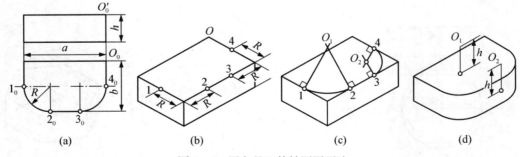

（a）　　　　　　（b）　　　　　　（c）　　　　　　（d）

图 6-6　圆角的正等轴测图画法

4. 组合体正等轴测图的画法

用叠加法作支架的组合体正等轴测图的画法，如图 6-7 所示。

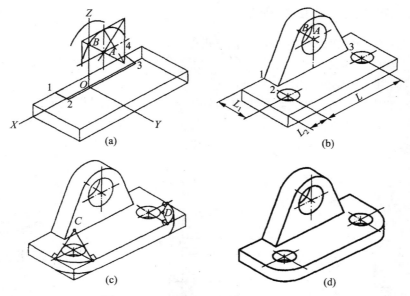

图 6‑7　用叠加法作支架的正等轴测图

6.3　斜二轴测图的画法

一、斜二轴测图的形成

斜轴测投影图的形成是由于投影方向 S 倾斜于轴测投影面 P，即采用的是斜投影。这样物体上参考坐标系的 3 根参考直角坐标轴就不必与 P 面都倾斜，也可以得到物体 3 个参考坐标面方向的立体投影。但是，在选择投影方向 S 时，应避免使它垂直或平行某个投影面，否则就会使一根轴成为一点，或两根轴测轴重合为一直线，因而损害图形的立体感。

如果使物体的参考坐标面（XOY）平行于轴测投影面 P，则 OX、OZ 轴的轴向伸缩系数为 1，调整投影方向 S 使 OY 轴向伸缩系数为 0.5。由这种投影方式形成的斜轴测图称为**斜二等轴测图**，简称**斜二轴测图**，如图 6‑8 所示。

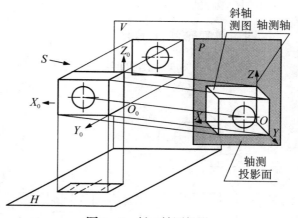

图 6‑8　斜二轴测投影

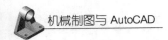

二、斜二等轴测图的投影特性

（1）斜二等轴测投影方向 S 倾斜于轴测投影面 P。

（2）由于物体上的一个坐标面 XOZ 平行轴测投影面。因此，物体上凡与该坐标面平行的平面或直线，其斜二轴测投影反映实形。

（3）OX、OZ 轴的轴向伸缩系数均为 1，即 $p=r=1$，且轴间角 $\angle XOZ = 90°$；调整投影角度使 OY 轴的轴向伸缩系数 $q = 0.5$，OY 轴在 $\angle XOZ$ 的角平分线上，$\angle XOY = \angle YOZ = 135°$。斜二轴测图的轴间角和轴向伸缩系数，如图 6-9 所示。

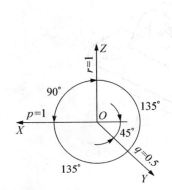

图 6-9 斜二轴测图的轴间角和轴向伸缩系数

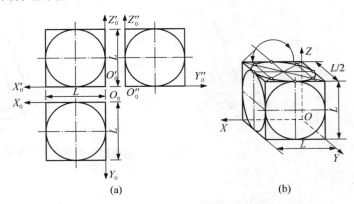

图 6-10 平行参考坐标面圆的斜二轴测图

三、参考坐标面(或其平行面)上圆的斜二轴测图画法

参考坐标面或其平等面上圆的投影特点是：正平圆的轴测投影为圆，反映实形；水平圆和侧平圆的轴测投影均为椭圆，且作图较难。故存在水平圆和侧平圆的物体不太适应画斜二轴测图，如图 6-10 所示。

四、斜二轴测图的画法

图 6-11 所示是支座的斜二轴测图的画法过程。

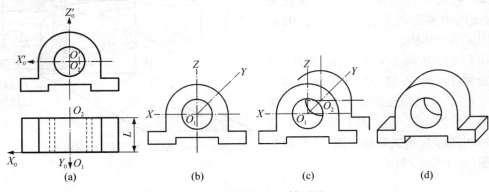

图 6-11 支座的斜二轴测图

*6.4 轴测剖视图的画法

在轴测图中,为了表示物体不可见的内部形状,也常用剖切的画法,这种剖切后画出的轴测图称为**轴测剖视图**。图 6-12 所示是正等轴测剖视图。

 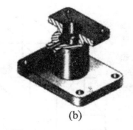 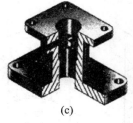

(a)　　　　　　　(b)　　　　　　　(c)

图 6-12　物体的轴测剖视图

一、轴测图中剖切面的剖切位置

在轴测图中剖切,为了不致影响物体的完整形状,并且尽量使图形明显、清晰,在空间一般用分别与两个直角坐标面平行的相互垂直的两个剖切平面将物体切去 $\frac{1}{4}$。即在轴测图上,一般沿两轴测坐标面(或其平行面)用互成与轴间角一致的两个剖切平面剖切,较能完整地显示出物体内、外形状。

二、轴测剖视图中剖面线的方向

图 6-13 所示是轴测图中剖面线的画法。

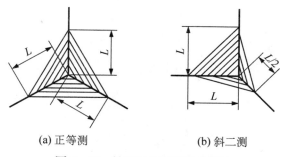

(a) 正等测　　　　　　　(b) 斜二测

图 6-13　轴测图中剖面线的画法

三、轴测剖视图的画法

在轴测图上作剖视时,一般有两种方法:

(1) 先画出组合体的外形,然后按所选的剖切位置画出剖面轮廓,再将剖切后可见的内

部形状画出,最后将被剖去的部分擦掉,画出剖面线,描深。这种方法初学者较容易掌握。

（2）先画出剖面形状,然后画出与剖面有联系的形状,再将其余剖切后可见形状画出并描深。这种方法可减少不必要的作图线,作图较为简便,对于内、外形状较复杂的组合体较为适宜。

图 6-14 所示是圆筒的正等轴测剖视图作图过程,图 6-15 所示是支座的斜二轴测剖视图作图过程。

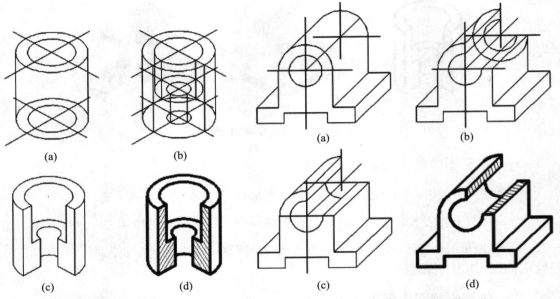

图 6-14　圆筒的正等轴测剖视图作图过程　　图 6-15　支座的斜二轴测剖视图作图过程

第 **7** 章

· 机械制图与 AutoCAD ·

机件的各种表达方法

　　机件的表达方法是指表示机件形状的各种画法。机件的形状多种多样的,如图 7 - 1 所示,满足机器的要求是其基本功能,还要考虑其制造安装方便、美观、成本等方面的要求。有些机件形状简单,只需一个或两个视图,加上尺寸标注就可以将其形状表达清楚,而有些复杂机件,甚至用 3 个视图都不能完整、清楚、简便地表达机件的结构形状。为此,国家标准《技术制图与机械制图》中规定了表达机件的各种方法,熟悉并掌握这些基本表示法,就可以根据不同机件的结构特点,从中选取适当的表示法,完整、清晰、简便地表达机件的结构形状。本章教学重点是剖视图,教学难点是恰当选择机件的表达方法,教师可根据专业要求及课时安排选择性教学。

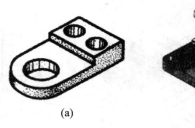

(a)　　　　　　　　(b)

图 7 - 1　机件

7.1　视图的画法

　　视图是采用正投影法所绘机件的图形,如前面章节所学的三视图,主要用来表达机件的外部结构形状,一般仅画出机件的可见部分,必要时用虚线画出少许不可见部分的轮廓线。

　　视图分为基本视图、向视图、局部视图和斜视图。视图的画法要遵循目前执行的标准 GB/T17451—1998 和 GB/T4458.1—2002 的规定。

一、基本视图

　　凡机件向基本投影面投影所得的视图,都称为**基本视图**。基本视图有 6 个,它们是主视图、左视图、俯视图、仰视图、后视图和右视图。

　　有些机件如仅用三视图表示其形状,表达不清楚,并存在对机件重复表达的可能。因此

119

有必要增加其他投射方向的基本视图加以补充。基本视图的投影面体系是一正六面体,基本投影面有 6 个,各投影面之间两两垂直。将机件置于正六面体中,采用正投影法分别向相应的投影面投射,得到相应的 6 个基本视图。6 个基本视图中除了前面章节所述的主、俯、左视图外,还增加从机件右向左投射所得的右视图,从下向上投射所得的仰视图和从后向前投射所得的后视图。6 个基本投影面按规定展开时,规定 V 面不动,其他投影面按图 7 - 2 所示的箭头方向展开至与 V 面处于同一平面上。

6 个基本视图按图 7 - 2 所示配置时,一律不注视图名称,各个视图之间仍保持长对正、高平齐、宽相等的正投影关系。即主视图、俯视图、仰视图、后视图长对正;主视图、右视图、左视图、后视图高平齐;仰视图、俯视图、右视图、左视图宽相等。

在表达机件形状时,不是任何机件都需要画 6 个基本视图,而应根据机件形状的特点和复杂程度选用必要的几个基本视图。应优先选用主、俯、左 3 个基本视图,然后再考虑其他的基本视图。任何机件的表达,都必须有主视图。

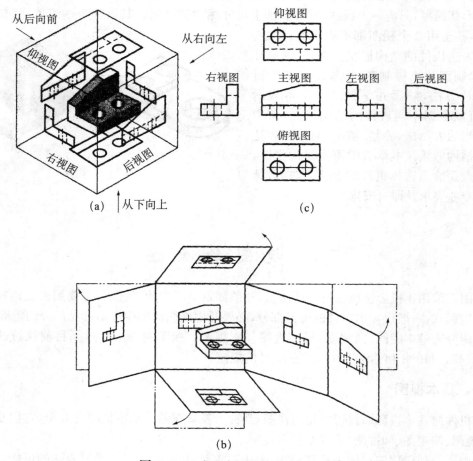

图 7 - 2 6 个基本视图的形成与配置

二、向视图

不按基本配置所画的基本视图,称为**向视图**。向视图是可以自由配置的视图。有时为了合理利用图幅,各视图不能按规定的位置关系配置时,允许采用向视图的形式将各基本视图自由地配置在图幅中。为便于看图,在向视图的上方必须用大写字母标注该向视图的名称,在相应视图附近用箭头指明投射方向,并注上相同的字母表示,如图 7-3 所示。需要特别指出的是,向视图只是将相应的基本视图挪动了位置,视图仍为原来的那个基本视图。

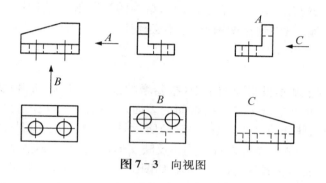

图 7-3 向视图

三、局部视图

将机件的某一部分向基本投影面投影所得的视图,称为**局部视图**。有时机件的其他部分都表达清楚了,仅某个局部不清楚,可以采用局部视图表达。局部视图是不完整的基本视图,这种表达方法的特点是重点突出、简单明了、画图简便、减少重复,如图 7-4 所示。

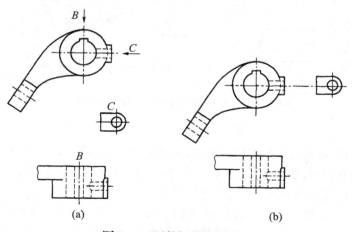

(a)   (b)

图 7-4 压紧杆的局部视图

画局部视图时应注意：

（1）画局部视图时，其断裂边界画波浪线（如图7-4(a)中B向局部俯视图所示）或双折线。若所表示的局部结构是完整的，且外形轮廓又自行封闭，则不必画出波浪线，如图7-4(a)中的C向局部视图。

（2）局部视图的配置可选用以下形式，并进行必要的标注：

① 按基本视图的配置形式配置，如图7-4(b)中位于俯视图处的局部视图，则不必标注；

② 按向视图的配置形式配置和标注，如图7-4(a)中的C向局部视图；

③ 按第三角画法配置在含所需表示的局部结构的视图附近，如图7-4(b)中压紧杆右端凸台。此时，应用细点画线连接两图形，且不必标注。

四、斜视图

将机件向不平行于基本投影面的平面（指新增的投影面）投影所得到的视图，称为**斜视图**。一些机件上有一些不平行于基本投影面的表面，如采用基本视图表达则不能反映其真实形状，也不便标注该部分的尺寸。图7-5(a)所示是压紧杆的三视图，由于压紧杆的左侧耳板是倾斜的，所以它的俯视图和左视图均不反映实形，形状表达不清楚，也不便于画图、看图和标注尺寸。为了表达压紧杆的倾斜结构，如图7-5(b)所示，增加一个平行于耳板的正垂面作为辅助投影面，沿垂直于正垂面的A向投射，在辅助平面上就可得到倾斜结构的实形。这个图形就是斜视图。

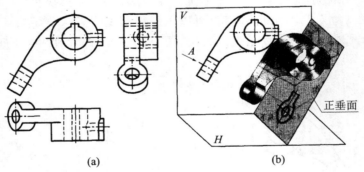

(a)   (b)

图7-5 压紧杆的三视图及斜视图的形成

画斜视图时应注意：

（1）斜视图用于表达机件上的倾斜结构，画出倾斜结构的实形后，机件的其余部分不必画出，用波浪线断开即可，如图7-6所示。当所表示的斜视图结构是完整的，且外形轮廓已是自行封闭时，可以省去波浪线。

（2）斜视图的配置和标注一般按向视图相应的规定，必要时，允许将斜视图旋转配置，此时应加注旋转符号（见图7-6）。旋转符号为半径等于字体高度的半圆形箭头，表示斜视图名称的大写字母应靠近旋转符号的箭头端，也允许将旋转角度标在字母之后。

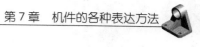

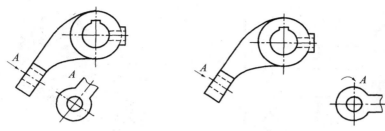

图 7 - 6 压紧杆斜视图的两种画法

图 7 - 7 所示是压紧杆形状的两种表达方案,都简单清楚地反映了压紧杆的形状。从比较压紧杆的两种表达方案看,显然图 7 - 7(b)的视图布置更加紧凑、简练、合理。

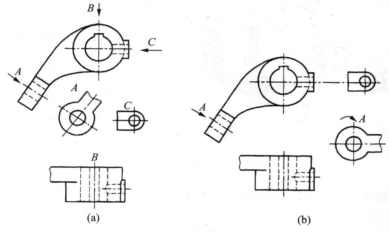

(a)　　　　　　　　　　　　　　　(b)

图 7 - 7 压紧杆的两种表达方案比较

7.2　剖视图的画法

视图主要用来表达机件的外部形状,若机件的内部结构比较复杂,如图 7 - 8 所示,视图上会出现较多虚线而使图形不清晰,不便于看图和标注尺寸。为了清晰地表达机件的内部结构,常采用剖视图的画法。剖视图的画法要遵循 GB/T17452—1998、GB/T4458.6—2002 的规定。

一、剖视图的概念

1. 剖视图的形成

假想用剖切面剖开机件,将处在观察者与剖切面之间的部分移去,而其余部分向投影面

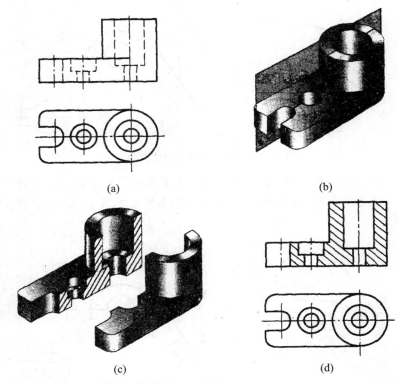

(a)   (b)

(c)   (d)

图 7 - 8 剖视图的形成

投射所得的图形称为**剖视图**,简称**剖视**。剖视图的形成过程如图 7 - 8(b、c、d)所示,剖切平面为正平面,剖切面过机件圆孔的轴线,将机件一分为二,成前后两部分,移去前部,按剖视图要求画出所留后部的剖视图,原在主视图中不可见部分变为可见,以清楚反映机件内部形状。

2. 剖面符号

机件被假想剖开后,剖切面与机件的接触部分(即剖面区域)要画出与材料材质相对应的剖面符号,以便区别机件的实体与空心部分,如图 7 - 8(d)所示。国家标准规定的剖面符号,见表 7 - 1。

表 7 - 1 剖面符号(GB/T4457. 5—1984)

金属材料(已有规定剖面符号者除外)		木质胶合板	
线圈绕组元件		基础周围的泥土	
转子,电枢、变压器和电抗器等的迭钢片		混凝土	

续表

非金属材料（已有规定剖面符号者除外）	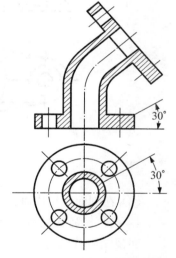	钢筋混凝土	
型砂、填砂、粉末冶金、砂轮、陶瓷刀片、硬质合金刀片等		砖	
玻璃及供观察用的其他透明材料		格网（筛网、过滤网等）	
木材　纵剖面		液体	
横剖面			

注：① 剖面符号仅表示材料的类别，材料的代号和名称必须另行注明；
　　② 迭钢片的剖面线方向，应与束装中迭钢片的方向一致；
　　③ 液面用细实线绘制。

在机械设计中，用金属材料制作的零件最多。为便于画图，国标规定，表示金属材料的剖面符号是最简明易画的平行细实线，这种剖面符号称为剖面线。GB/T17453 中，将此符号称作**通用剖面线**。

绘制剖面线时，同一机械图样（指零件图和装配图）中的同一金属零件的剖面线应方向相同、间隔相等。剖面线的方向应与主要轮廓线或剖面区域的对称线成 45°角，如图 7-9 所示。特殊情况下，可将剖面线画成 30°或 60°斜线，如图 7-10 所示。剖面线的间隔应按剖面区域的大小选定。

图 7-9　剖面线的方向　　　　**图 7-10　特殊情况下剖面线的画法**

3. 剖视图的画法

（1）定剖切面的位置　一般用平面作为剖切面（也可用柱面）。为了表达机件内部结构的真实形状，避免剖切后产生不完整的结构要素，剖切平面通常平行于投影面，且通过机件内部孔、槽的轴线或对称面，如图 7-11 所示。

（2）画剖视图　先画剖切平面与机件实体接触部分的投影，即剖面区域的轮廓线，然后再画出剖切区域之后的机件可见部分的投影，如图 7-11 中的主视图。

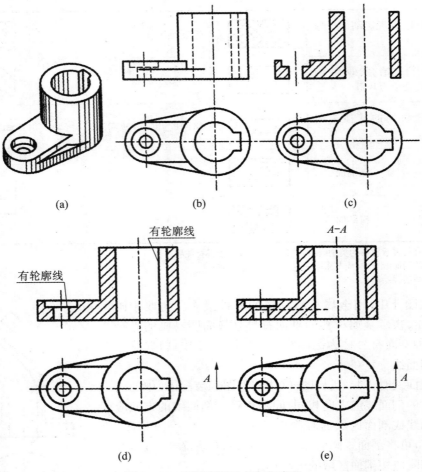

图 7 - 11　画剖视图的方法和步骤

（3）在剖面区域内画剖面线

4．剖视图的配置与标注

剖视图应首先考虑配置在基本视图的方位，如图 7 - 12 中的 $A - A$；也可以按投影关系配置在相应的位置上；必要时才考虑配置在其他适当位置，如图 7 - 12 中的 $B - B$。

（1）为便于读图，剖视图一般应标注，标注的内容包括以下 3 个要素：

① 剖切线是指示剖切面的位置，用细点画线表示。剖视图中通常省略不画出。

② 剖切符号是指示剖切面起止和转折位置（用粗短线表示）及投射方向（用箭头表示）的符号。

③ 字母是表示剖视图和剖切面的名称，用大写字母注写在剖视图的上方和剖切符号处。标注的形式如图 7 - 12 中的 $A - A$。

（2）下列情况的剖视图可省略标注：

① 当单一剖切面通过机件的对称平面或基本对称平面,且剖视图按投影关系配置,中间没有其他图形隔开时,可不标注,如图 7-12 中的主视图。

② 剖视图按基本视图或投影关系配置时,可省略箭头,如图 7-12 中的 A-A。

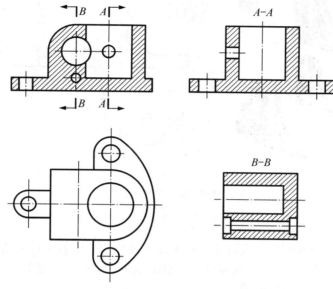

图 7-12　画剖视图

5. 画剖视图注意事项

(1) 剖视图只是假想将机件剖开,因此,在表达某一机件的一组视图中,一个视图画成剖视图以后,其他视图仍应按完整机件画出。

(2) 剖切面后面的可见部分应全部画出,不能遗漏。

二、剖视图的种类及其应用

根据剖视图的剖切范围,可分为全剖视图、半剖视图和局部剖视图 3 种。前述剖视图的画法和标注,是对 3 种剖视图都适用的基本要求和规定。

1. 全剖视图

全剖视图是用剖切面完全地剖开机件所得的剖视图,适用于表达外形比较简单,而内部结构较复杂且不对称的机件。

同一机件可以假想进行多次剖切,画出多个剖视图。必须注意,各剖视图的剖面线方向和间隔应完全一致。

在图 7-13 的主视图表示的全剖视图中,由于剖切平面通过机件上的三角形肋板,按国家标准规定,对于机件的肋、轮辐及薄壁等,如按纵向剖切,这些结构都不画剖面符号,而以粗实线将它们与其邻接部分分开,所以主视图中肋板的轮廓范围内不画剖面线。

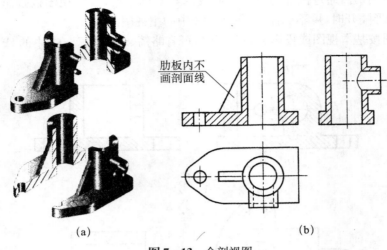

肋板内不
画剖面线

(a)   (b)

图 7 - 13 全剖视图

2. 半剖视图

当机件具有对称平面时,向垂直于对称平面的投影面上投射所得的图形,可以对称中心线为界,一半画成剖视图,另一半画成视图,这种剖视图称为**半剖视图**。半剖视图用于机件内、外都需要兼顾表达的对称的图形。

如图 7 - 14 所示,机件左右、前后都对称,所以它的主视图、俯视图和左视图可分别画成半剖视。

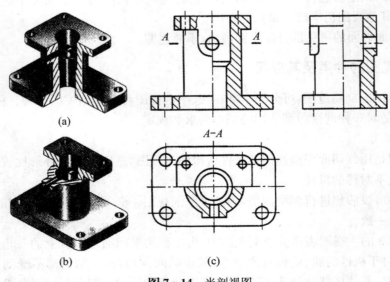

(a)

(b)   (c)

图 7 - 14 半剖视图

3. 局部剖视图

局部剖视图是用剖切面局部地剖切机件所得的剖视图。如图 7-15 所示，箱体顶部有一矩形孔，底板上有 4 个安装孔，箱体的左右、上下、前后都不对称。为了兼顾内外结构形状的表达，将主视图画成两个不同剖切位置的局部剖视图。在俯视图上，为了保留顶部的外形，采用 $A-A$ 剖切位置的局部剖视图。

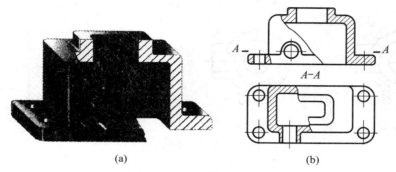

（a）   （b）

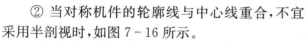
图 7-15 局部剖视图（一）

局部剖视图的标注与全剖视图相同。当只用一个剖切平面且剖切位置明确时，局部剖视图不必标注。

局部剖视图的剖切位置和剖切范围根据需要而定，是一种比较灵活的表达方法，运用得当，可使图形表达得简洁而清晰。

（1）局部剖视图通常用于下列情况：

① 当不对称机件的内、外形状均需要表达，或者只有局部结构的内形需剖切表示，而又不宜采用全剖视时。

② 当对称机件的轮廓线与中心线重合，不宜采用半剖视时，如图 7-16 所示。

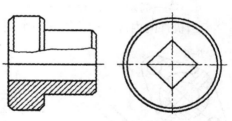
图 7-16 局部剖视图（二）

③ 当实心机件如轴、杆等上面的孔或槽等局部结构需剖开表达时。

（2）画局部剖视图时应注意以下几点：

① 局部剖视图中，剖开与未剖部分投影的分界线画波浪线，可看成是剖切机件裂痕的投影。波浪线应画在机件的实体上，不能超出实体的轮廓线，也不能画在机件的中空处，如图 7-17(b) 所示。

② 波浪线不应画在轮廓线的延长线上，也不能用轮廓线代替或与图样上其他图线重合，如图 7-17(d) 所示。

为了计算机绘图方便，局部剖视图的剖切范围也可以用双折线代替波浪线分界。

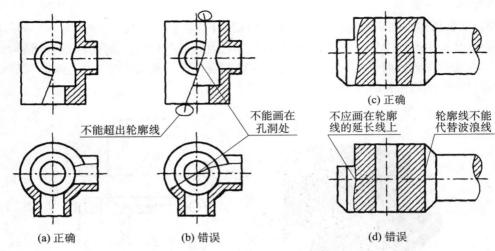

不能超出轮廓线

不能画在
孔洞处

不应画在轮廓
线的延长线上

轮廓线不能
代替波浪线

(a) 正确　　　　　　　　(b) 错误　　　　　　　　(c) 正确

(d) 错误

图 7 - 17　局部剖视图中波浪线画法

三、剖切面的选用

根据机件结构的特点和表达需要,可选用单一剖切面或几个平行的剖切平面,或几个相交的剖切面剖开机件,画出相应的剖视图。

1. 单一剖切面(俗称单一剖)

当机件的内部结构位于同一个剖切面上时,可选用单一剖切面。**单一剖切面**包括单一的剖切平面和柱面,应用最多的是单一剖切平面。单一剖切平面一般为投影面平行面。前面介绍的全剖视图、半剖视图和局部剖视图的例子都是采用平行于基本投影面的单一剖切平面剖开机件的,可见这种方法应用最普遍。

当机件需要表达具有倾斜结构的内部形状时,如图 7 - 18 所示,如果采用平行于基本投影面的剖切平面剖切,不能反映倾斜结构内部的实形。这时,可以用一个与倾斜部分的主要平面平行且垂直于某一基本投影面的单一剖切平面剖切,再投射到与剖切平面平行的投影面上,即可得到该部分内部结构的实形。这种剖视图称为**斜剖**,剖切时允许将图形转正,并加注旋转符号,如图 7 - 18 中的 $B-B$ 剖视图所示。单一剖切面还包括

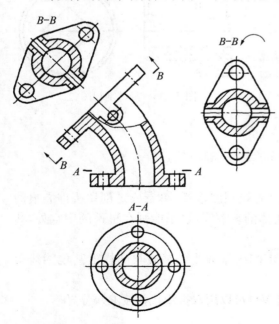

图 7 - 18　不平行于基本投影的单一剖切面

单一圆柱剖切面,采用柱面剖切时,机件的剖视图应按展开方式绘制。

2. 几个平行的剖切平面(俗称阶梯剖)

当机件的内部结构位于几个平行平面上时,可采用几个平行的剖切平面同时剖切。

如图 7-19 所示,机件上几个孔的轴线不在同一平面内,如果用一个剖切平面剖切,不能将内部形状全部表达出来。为此,采用两个互相平行的剖切平面沿不同位置孔的轴线同时剖切,这样就可在一个剖视图上把几个孔的形状表达清楚了。

这种剖视图的标注方法如图 7-19(b)所示,如果剖切符号的转折处位置有限时,可省略字母。

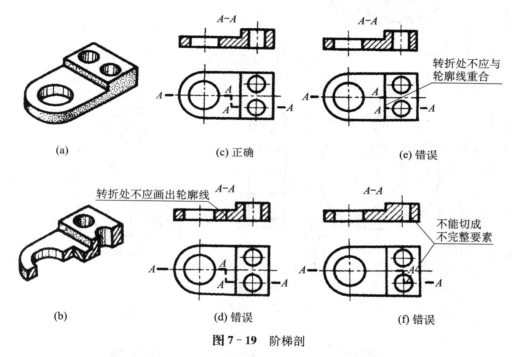

(a)　　　　　　(c) 正确　　　　　　(e) 错误

转折处不应与轮廓线重合

转折处不应画出轮廓线

(b)　　　　　　(d) 错误　　　　　　(f) 错误

不能切成不完整要素

图 7-19　阶梯剖

采用这种剖切平面画剖视图时应注意:

(1) 因为剖切是假想的,所以在剖视图上不应画出剖切平面转折的界线。

(2) 在剖视图中不应出现不完整要素,如图 7-19(f)所示。仅当两个要素在图形上具有公共对称中心线或轴线时,方可各画一半,如图 7-20 中的 $A-A$。

3. 几个相交的剖切面(俗称旋转剖)

当机件的内部结构形状用单一剖切面不能完整表达时,可采用两个(或两个以上)相交的剖切面剖开机件,如图 7-21～图 7-23 所示,并将与投影面倾斜的剖切面剖开的结构及有关部分旋转到与投影面平行后再进行投射。

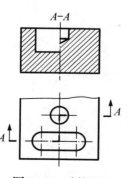

图 7-20　剖视图

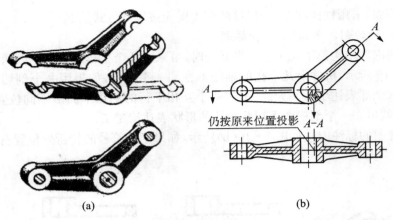

(a)

(b)

仍按原来位置投影   A-A

图 7-21   旋转剖（一）

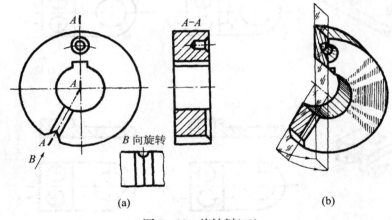

A-A

B 向旋转

(a)   (b)

图 7-22   旋转剖（二）

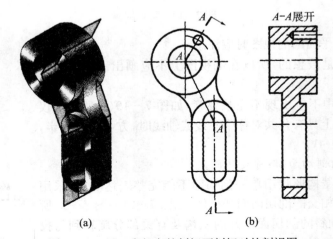

A-A展开

(a)   (b)

图 7-23   用三个相交的剖切面剖切时的剖视图

采用这种剖切面画剖视图时应注意：

（1）几个相交的剖切平面的交线必须垂直于某一投影面。

（2）应按先剖切后旋转的方法绘制剖视图。

（3）剖切面后面的结构，如图 7 - 22 中的油孔，一般仍按原来的位置投射。

7.3　断面图的画法

一、断面图概念

用剖切面假想将物体的某处断开，仅画出该剖切面与物体接触部分的图形，这种图形称为**断面图**，简称为**断面**。断面图与剖视图类似，但要注意区别。

如图 7 - 24(a)所示的小轴，为了将轴上的键槽深度表达清楚，便于标注相应尺寸，假想用一个垂直于轴线的剖切平面在键槽处将轴切断，只画出断面的图形，并画上剖面符号，即为断面图，如图 7 - 24(b)所示。

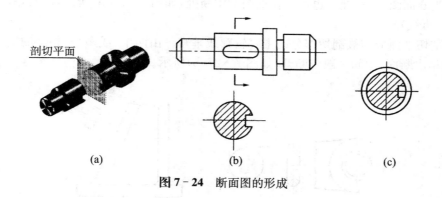

剖切平面

(a)　　　　　　　　(b)　　　　　　　　(c)

图 7 - 24　断面图的形成

剖视图与断面图的区别是：断面图只画机件被剖切后的断面形状，而剖视图除了画出断面形状之外，还必须画出机件上位于剖切平面后的形状，如图 7 - 24(c)所示。断面图的画法要遵循 GB/T17452—1998、GB/T4458.6—2002 的规定。

按断面图配置位置不同，断面图分为移出断面图和重合断面图两种。

二、移出断面图

1. 移出断面图的画法

（1）移出断面图的轮廓线用粗实线绘制。但要注意，当剖切平面通过由回转面形成的孔或凹坑的轴线时，如图 7 - 25 所示，这些细小结构应按剖视绘制。当剖切平面通过非圆孔会导致完全分离的断面时，如图 7 - 26 所示，也应按剖视图绘制。

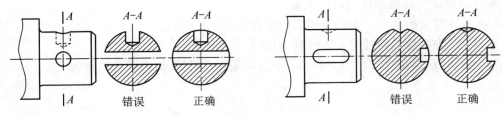

图 7 - 25 移出断面图的画法(一)

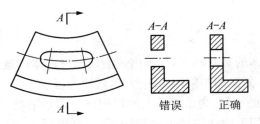

图 7 - 26 移出断面图的画法(二)

(2) 当断面图形对称时,也可画在视图的中断处,如图 7 - 27(a)所示,此时,视图应用波浪线(或双折线)断开。

(3) 剖切平面应与被剖切部分的主要轮廓线垂直。由两个(或多个)相交的剖切平面剖切得出的移出断面,中间一般应断开,如图 7 - 27(b)所示。

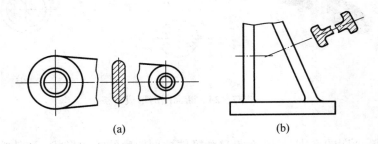

图 7 - 27 移出断面图画法

2. 移出断面图的配置与标注

(1) 未配置在剖切线延长线上的移出断面图,当图形不对称时,要用剖切符号表明剖切位置,画箭头指示投射方向,并注写字母,如图 7 - 28 中的 $A - A$;如果图形对称,可省略箭头,如图 7 - 28 中的 $B - B$。

(2) 配置在剖切符号延长线上的移出断面图,当图形不对称时,可省略字母,如图 7 - 28(b)所示;若图形对称可不标注,此时,应用细点画线画出剖切线,如图 7 - 28(a)右端。

(3) 按投影关系配置的移出断面图,可省略箭头,如图 7 - 28(b)中的 $A - A$。

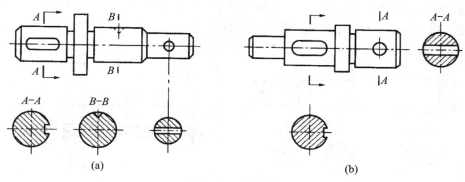

图 7-28 断面图

三、重合断面图

画在视图轮廓线之内的断面图,称为**重合断面图**。

1. 重合断面图的画法

重合断面图的轮廓线用细实线绘制。当视图中的轮廓线与重合断面图的图形重合时,视图中的轮廓线仍应连续画出,不可间断,如图 7-29 所示。

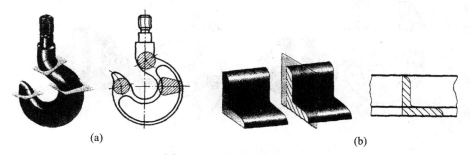

图 7-29 重合断面图画法

2. 重合断面图的标注

对称的重合断面不必标注,如图 7-29(a)所示;不对称的重合断面,在不致引起误解时可省略标注,如图 7-29(b)所示。

7.4 其他表达方法

一、局部放大图

将机件的部分结构,用大于原图形所采用的比例画出的图形,称为**局部放大图**。当同一机件上有几处需要放大时,可用细实线圈出被放大的部位,用罗马数字依次标明放大的部

位,并在局部放大图的上方标注出相应的罗马数字和所采用的比例。同一机件上不同部位,但图形相同或对称的,只需画出一个局部放大图,如图 7-30 所示。

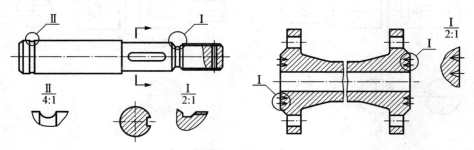

图 7-30 局部放大图

二、简化画法与规定画法

纵向剖切机件上的肋、轮辐及薄壁等结构时,这些结构都不画剖面符号,而用粗实线将它与其邻接部分分开。当机件回转体上均匀分布的肋、轮辐、孔等结构不处于剖切平面上时,可将这些结构旋转到剖切平面上画出,如图 7-31 所示。

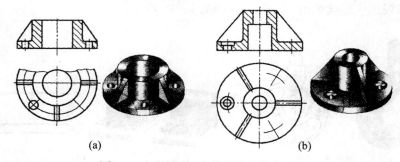

(a)   (b)

图 7-31 均布肋、孔等结构的简化画法

对机件上有规律分布的重复结构要素(如齿、槽),允许只画出其中一个或几个完整结构,其余的可用细实线连接或仅画出它们的中心位置,如图 7-32 所示。

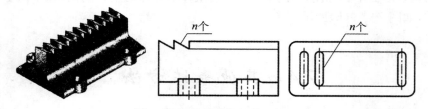

图 7-32 相同结构的简化画法

在不致引起误解时,对称机件的视图可只画一半或 $\frac{1}{4}$,并在对称中心线的两端画出两条与其垂直的平行细线,如图 7-33 所示。

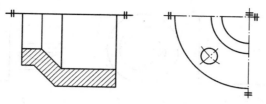

图 7-33　对称机件的简化画法

在不致引起误解时,图形中的过渡线、相贯线可以简化。例如,用圆弧或直线代替非圆曲线,如图 7-34 所示,也可采用模糊画法表示相贯线。

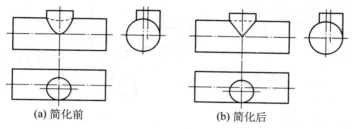

(a) 简化前　　　　　　　　　(b) 简化后

图 7-34　相贯线的简化画法

与投影面倾斜角度小于或等于 30°的圆或圆弧,其投影可用圆或圆弧代替真实投影的椭圆,如图 7-35 所示。

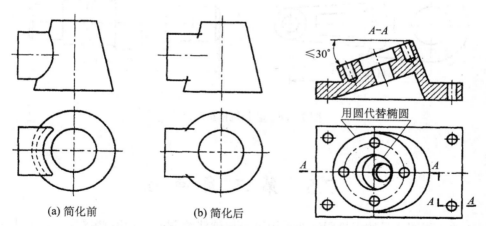

(a) 简化前　　　　　　　　　(b) 简化后

图 7-35　相贯线的模糊画法和倾斜投影的简化画法

为减少视图数,可用细实线画出对角线表示回转体机件上的平面,如图 7-36 所示。

在不致引起误解的情况下,剖面区域内的剖面线可省略,如图 7-37(a)所示;也可以用涂色或点阵代替剖面线,如图 7-37(b)所示。

较长的机件(如轴、杆、型材或连杆等)沿长度方向的形状相同或按一定规律变化时,允许采用断开画法,但标注尺寸时仍标注其实际尺寸,如图 7-38 所示。

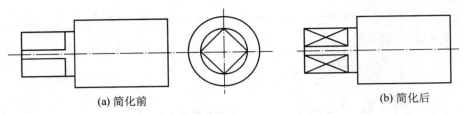

(a) 简化前　　　　　　　　　　　　　　(b) 简化后

图 7-36　回转体上平面的简化画法

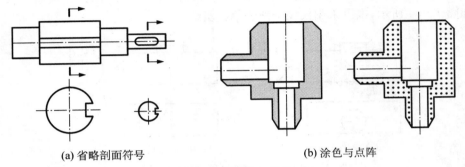

(a) 省略剖面符号　　　　　　　　　　(b) 涂色与点阵

图 7-37　剖面符号的简化画法

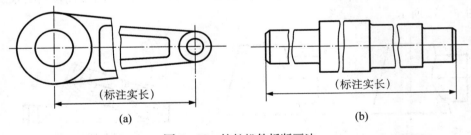

(标注实长)　　　　　　　　　　　　　　(标注实长)

(a)　　　　　　　　　　　　　　　　　　　(b)

图 7-38　较长机件折断画法

*7.5　第 三 角 画 法

　　我国的工程图样是按正投影法并采用第一角画法绘制的。而有些国家(如英国、日本、美国等)的图样是按正投影法并采用第三角画法绘制的。为了更好地进行国际技术交流和发展国际贸易,应该了解第三角画法的有关知识,以便能阅读一些国外的图样和技术资料。

一、第一角画法与第三角画法的区别

　　如图 7-39 所示,空间 3 个相互垂直相交的投影面,把空间分成了 Ⅰ、Ⅱ、Ⅲ、Ⅳ、Ⅴ、

Ⅵ、Ⅶ、Ⅷ 8 个分角。

将机件放在第一分角投影,称为**第一角画法**;而放在第三分角投影时,则称为**第三角画法**。

如图 7 - 40 所示,采用第一角画法时,是把物体放在观察者与投影面之间,从投射方向看是人→物→图(投影面)的关系。如图 7 - 41 所示,物体采用第三角画法,是把物体放在投影面的另一边,将投影面视为透明的(像玻璃一样),投射时就像隔着"玻璃"看物体,将物体的轮廓形状映印在物体前面的"玻璃"(投影面)上,从投射方向看是人→图(投影面)→物的关系。这就是第三角画法与第一角画法的主要区别。

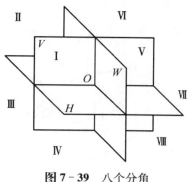

图 7 - 39　八个分角

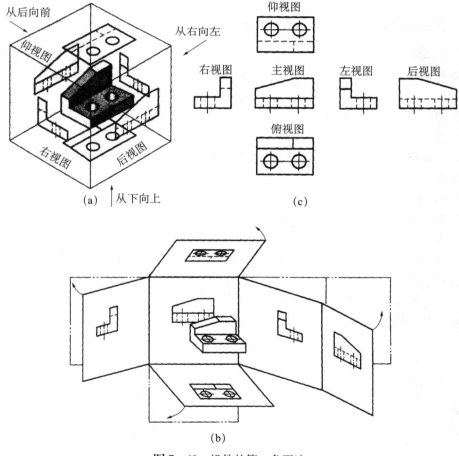

图 7 - 40　机件的第一角画法

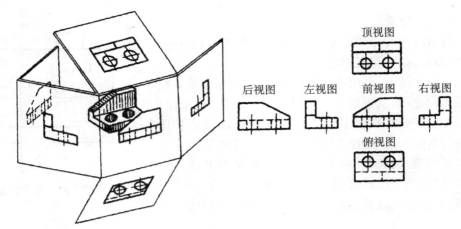

图 7-41　机件的第三角画法

二、第三角画法视图的形成与配置

如图 7-41 所示,采用第三角画法时,从前面观察物体在 V 面上得的视图,称为**前视图**;从上面观察物体在 H 面上得的视图,称为**顶视图**;从右面观察物体在 W 面上得的视图,称为**右视图**。

各投影面展开的方法是:V 面不动,H 面向上旋转 $90°$,W 面向右转 $90°$,使 3 投影面处于同一平面内。

与第一角画法一样,采用第三角画法也可将物体放在正六面体中,分别从物体各个方向向各投影面投射,并按如图所示的方法展开,展开后各视图的名称和配置关系如图 7-41 所示。

从两组配置可看出:

(1)第三角画法的俯、仰视图与第一角画法的俯、仰视图位置对换。

(2)第三角画法的左、右视图与第一角画法的左、右视图位置对换。

(3)第三角画法的主、后视图与第一角画法的主、后视图一致,只是后视图的位置移动到了主视图的左边。

图 7-42(a)表示同一物体采用第一角投影的主、俯、左 3 个视图。图 7-42(b)表示该物体采用第三角投影的前视图、顶视图和右视图,以便使读者进一步熟悉和了解第三角画法。

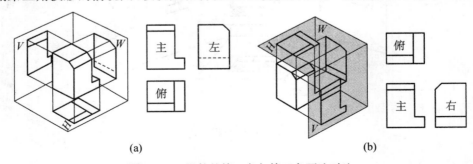

(a)　　　　　　　　　　　　　　　　(b)

图 7-42　机件的第一角与第三角画法对比

三、第三角画法的标识

国际标准中规定,可以采用第一角画法,也可以采用第三角画法。为了区别这两种画法,规定在标题中专设的格内用规定的识别符号表示。GB/T14692－1993 中规定的识别符号,如图 7－43 所示。

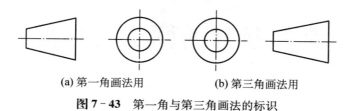

(a) 第一角画法用   (b) 第三角画法用

图 7－43   第一角与第三角画法的标识

第8章

常用机件的画法与标注

常用机件是指在机械设备和仪器仪表的装配及安装过程中广泛使用的机件,种类和规格很多,包括结构、尺寸以及技术要求都已标准化的标准件(如螺钉、螺母、键、销、滚动轴承等)和只对部分尺寸、参数、画法作了规定的常用件(如齿轮、蜗轮螺杆、弹簧)。为了减少设计和绘图工作量,对常用机件及某些重复结构要素(如螺钉上的螺纹和齿轮上的轮齿等),在绘图时可按国家标准规定的表示法简化画出,并进行必要的标注。部分标准件如图 8-1 所示,常用件如图 8-2 所示。本章教学重点是标准件(或结构)和常用件的规定画法,教学难点是标准件(或结构)和常用件的标记。教师可根据教学对象的专业要求选择教学内容。

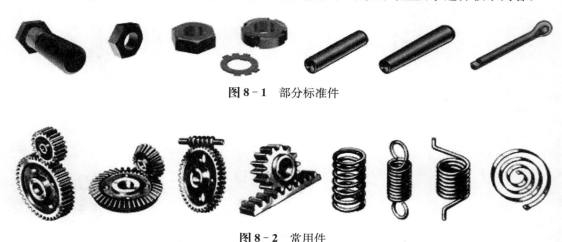

图 8-1 部分标准件

图 8-2 常用件

8.1 螺纹的规定画法与标注

螺纹是零件上常见的结构,通常见到的是标准结构。螺纹通常加工在零件的圆柱和圆锥的内外表面上。在圆柱或圆锥外表面上形成的螺纹为外螺纹,在圆柱或圆锥内表面上形成的螺纹为内螺纹。

一、螺纹

1. 螺纹的形成

螺纹是在圆柱或圆锥表面上,沿着螺旋曲线所形成的具有规定牙型的连续凸起。螺纹的加工方法很多,图 8 - 3(a)所示为在车床上车削外螺纹,也可用套加工外螺纹。内螺纹也可以在车床上加工,如图 8 - 3(b)所示。若加工直径较小的螺孔,如图 8 - 3(d)所示,先用钻头钻孔(由于钻头顶角约为 120°,所以钻孔的底部应画成 120°,再用丝锥攻丝加工内螺纹。

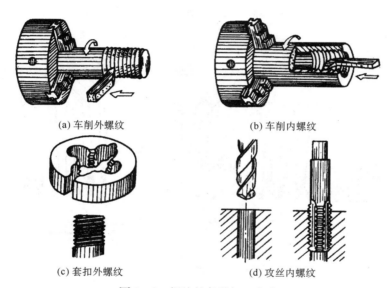

(a) 车削外螺纹　　　　　　　　　　(b) 车削内螺纹

(c) 套扣外螺纹　　　　　　　　　　(d) 攻丝内螺纹

图 8 - 3　螺纹的各种加工方法

2. 螺纹的五要素

螺纹的基本要素包括牙型、直径、螺距和导程、线数和旋向。内、外螺纹总是成对使用的,只有当内、外螺纹的牙型、公称直径、螺距、线数和旋向 5 个要素完全一致时,才能正常地旋合。

(1) 螺纹牙型　在通过螺纹轴线的断面上螺纹的轮廓形状称为**螺纹牙型**,如图 8 - 4 所

(a) 普通螺纹　　(b) 管螺纹　　(c) 梯形螺纹　　(d) 锯齿形螺纹　　(e) 矩形螺纹

图 8 - 4　螺纹的牙型

示。螺纹牙型相邻两侧间的夹角称为**牙形角**。常见的螺纹牙型有三角形、梯形、锯齿形和矩形,通常在零件上加工出普通螺纹、管螺纹、梯形螺纹、锯齿形螺纹和矩形螺纹。其中,矩形螺纹尚未标准化,其余牙型的螺纹均为标准螺纹。

(2)螺纹直径　螺纹的直径有大径、中径和小径,通常选用螺纹的大径反映螺纹直径尺寸的大小,故螺纹大径又称为**公称直径**。图 8-5 所示为内外螺纹的各种直径。

① 大径(用 d 或 D 表示):和外螺纹的牙顶或内螺纹的牙底相重合的假想圆柱或圆锥的直径,是表示螺纹直径大小的公称直径。

② 小径(用 d_1 或 D_1 表示内外螺纹):和外螺纹的牙底、内螺纹的牙顶相重合的假想圆柱或圆锥的直径。

③ 中径(用 d_2 或 D_2 表示内外螺纹):母线通过牙型上沟槽和凸起宽度相等处的假想圆柱或圆锥的直径。

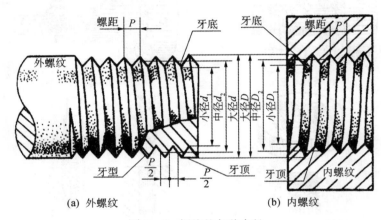

(a) 外螺纹　　　　(b) 内螺纹

图 8-5　螺纹的各种直径

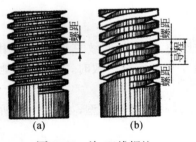

(a)　　(b)

图 8-6　单、双线螺纹

(3)线数(n)　机件上形成螺纹的螺旋线条数称为**线数**。螺纹有单线和多线之分。沿一条螺旋线形成的螺纹为单线螺纹;沿两条或两条以上螺旋线形成的螺纹为双线或多线螺纹,如图 8-6 所示。多线螺纹在垂直于轴线的断面内也是均匀分布的。

(4)螺距 P 和导程 P_n　螺距 P 指单或多线螺纹相邻两牙在中径线上对应两点间的轴向距离。

导程 P_n 是指多线螺纹中同一条螺旋线上相邻两牙在中径线上对应两点间的轴向距离。如图 8-6(b)所示。

对于单线螺纹,导程＝螺距;对于线数为 n 的多线螺纹,导程 $P_n = n \times P$。

(5)旋向　螺纹分右旋和左旋两种,判别方法如 8-7 所示。螺纹沿轴线方向顺时针方向旋入的螺纹称为**右旋螺纹**;沿轴线方向看逆时针方向旋入的螺纹称为**左旋螺纹**。日常生活中常用的是右旋螺纹。

螺纹的 5 个要素中牙型、大径和螺距是决定螺纹结构的最基本要素,称为螺纹三要素。凡三要素符合国家标准规定的螺纹,称为标准螺纹;仅牙型符合国标的螺纹,称为特殊螺纹;连牙型都不符合国标的螺纹,称为非标准螺纹。

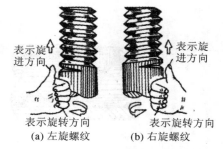

图 8 - 7　螺纹的旋向及判别

3. 螺纹的分类

螺纹的种类很多,有多种分类方法。按牙型可分为普通、管、梯形、锯齿形和方形螺纹;按线数可分为单线、多线螺纹;按旋向可分为右旋、左旋螺纹;按螺纹标准化程度可分为标准、非标准螺纹和特殊螺纹;按螺纹采用的公英制标准可分为公制和英制螺纹;按螺纹用途可分为紧固螺纹、传动螺纹、管螺纹和专门用途螺纹。

在标准螺纹中,普通螺纹和管螺纹用于联结,梯形螺纹和锯齿螺纹用于传动。普通螺纹、梯形螺纹、锯齿螺纹统称为**米制螺纹**,公称直径以毫米为单位;管螺纹是英制螺纹,其尺寸代号以英寸为单位,其值等于管子的公称通径。

在标准螺纹中,普通螺纹应用最广,按其螺距的大小不同,分为粗牙和细牙螺纹,日常采用粗牙螺纹。在同一螺纹公称直径下,粗牙螺纹的螺距只有一种,而细牙的螺距有多种,在螺纹的标记中,必须明确指定细牙螺纹的螺距,粗牙螺纹不必指明。

管螺纹分为用螺纹密封的管螺纹和非螺纹密封的管螺纹。用螺纹密封的管螺纹又分为圆锥外螺纹、圆锥内螺纹和圆柱内螺纹,旋合后内外螺纹自动密封;非螺纹密封的管螺纹,需要在内外螺纹之间加入其他密封材料才能形成密封。

4. 螺纹的规定画法

螺纹是螺旋线结构,用正投影法画出其实形相当不易,但加工方法很简单。为此,国标规定不管哪种螺纹,统一按规定画法(实质为简化画法)绘制。

(1) 外螺纹画法　如图 8 - 8 所示,在轴向视图中,螺纹的牙顶(大径)线和螺纹终止线用粗实线表示,牙底(小径)线用细实线表示,小径按大径的 0.85 倍画出,即 $d_1 \approx 0.85d$。在螺纹轴向视图中,表示牙底的细实线应画入倒角或倒圆部分内。

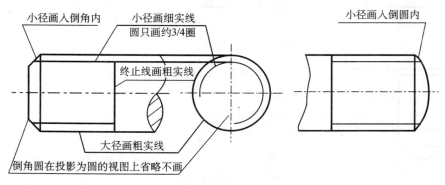

(a) 视图画法

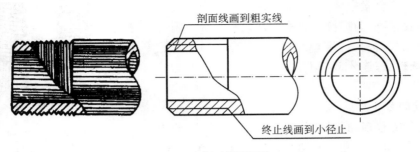

(b) 剖视图画法

图 8-8　外螺纹的画法

在螺纹端向视图中,螺纹的大径用粗实线绘制,表示牙底的细实线只画约 3/4 圈,规定此时螺纹的倒角省略不画。

在螺纹的剖视图(或断面图)中,剖面线应画到粗实线处,如图 8-8(b)所示。

螺尾部分一般不必画出。当需要表示时,该部分用与轴线成 30°角的细实线画出。

(2) 内螺纹画法　如图 8-9 所示,在轴向视图中,内螺纹若不可见,所有图线均用虚线绘制。剖开表示时,螺纹的牙顶(小径)及螺纹终止线用粗实线表示;牙底(大径)用细实线表示,剖面线画到粗实线处。

在端向视图中,牙顶用粗实线圆表示,表示牙底的细实线圆只画约 3/4 圈,倒角圆省略不画。采用比例画法时,小径 D_1 可按大径 D 的 0.85 倍绘制。

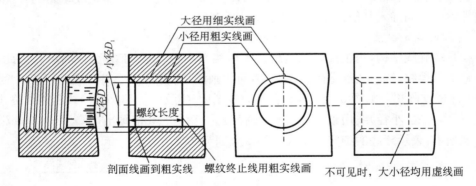

图 8-9　内螺纹的画法(一)

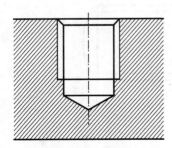

图 8-10　内螺纹的画法(二)

对于不穿通的螺孔(俗称盲孔),应分别画出钻孔深度 H 和螺纹深度 L,如图 8-10 所示,钻孔深度比螺纹深度深 0.2~0.5D(D 为螺孔大径),一般取 0.5D。需要注意的是,内螺纹的公称直径也是大径,对应内螺纹的牙底。

(3) 螺纹联结的画法(实质上是画装配图)　螺纹正常联结时,内外螺纹的五要素必须是相等或相同的。如图 8-11 所示,两机件内、外螺纹旋合(联结)后,其旋合部分按外螺纹画,其余部分仍按各自的画法表示。必须注意,表示内、外螺纹大、小径的粗实线和细实线应分别对齐。在剖切平面通过螺纹轴线的剖视图中(轴向视图),实心螺杆按不剖绘制,这是画装配图要求,如图8-11(a)所示。

(4)牙型表示法　螺纹牙型一般不在图形中表示,当需要表示螺纹牙形时,可按图8-12的形式绘制。

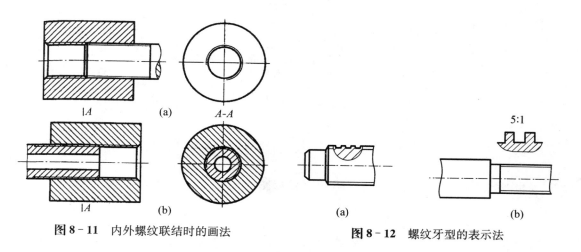

图8-11　内外螺纹联结时的画法　　　　图8-12　螺纹牙型的表示法

5. 螺纹的标记和标注

螺纹按规定画法简化画出后,在图上并不能反映它的牙型、螺距、线数、旋向等结构要素,因此,必须按规定的标记在图样中进行标注。

(1)普通螺纹的螺纹标记　有以下两种。

① 粗牙螺纹:

② 细牙螺纹:

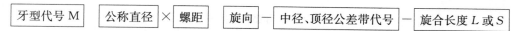

(2)梯形螺纹和锯齿形螺纹的螺纹标记　有以下两种。

① 单线螺纹:

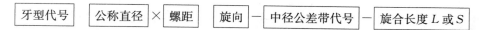

② 多线螺纹:

（3）管螺纹的螺纹标记 有以下两种。

① 用于密封联结的管螺纹：

密封管螺纹代号

② 用于非密封联结的管螺纹：

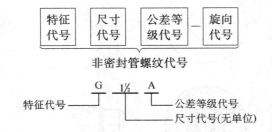

非密封管螺纹代号

特征代号 ——— G 1½ A ——— 公差等级代号
                          └— 尺寸代号(无单位)

（4）螺纹的标注 螺纹的画法与尺寸标注如图 8 - 13 所示。

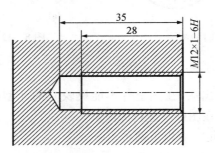

图 8 - 13 螺纹的画法与尺寸标注

因为各种螺纹在图样中都采用规定的简化画法,故为区别不同种类的螺纹,须对零件上的螺纹进行标注,实际上它是尺寸标注,只是要用数值和字母表示螺纹特征和参数。表 8 - 1 为常见的几种螺纹的特征代号、尺寸标注及说明。

表 8 - 1 常用螺纹的标注示例

螺纹类型		特征代号		标注示例	说 明
联结螺纹	普通螺纹	M	粗牙		粗牙普通螺纹,公称直径10,螺距1.5(查表获得),右旋,外螺纹中径和顶径公差带代号都是6g;内螺纹中径和顶径公差带代号都是6H,中等旋合长度

螺纹 类型		特征 代号		标注示例	说　明
联结 螺纹	普通 螺纹	M	细牙	$M8 \times 1LH-6g$　$M8\times1LH-7H$	细牙普通螺纹,公称直径8,螺距1,左旋,外螺纹中径和顶径公差带代号都是6g;内螺纹中径和顶径公差带代号都是7H,中等旋合长度
	管螺 纹	G	55°非密封联结管螺纹	$G1A$　$G3/4$	55°非密封管螺纹,外管螺纹的尺寸代号为1,公差等级为A级;内管螺纹的尺寸代号为3/4,内管螺纹公差等级只有一种,省略不标注
		R_c R_p R_1 R_2	55°密封联结管螺纹	$R_21/2$　$Rc3/4-LH$	55°密封管螺纹,特征代号为 R_2 为圆锥外螺纹,尺寸代号为1/2,右旋,与圆锥内螺纹 R_c 配合;圆锥内螺纹的尺寸代号为3/4,左旋,公差等级只有一种,省略不标注。R_p 是圆柱内螺纹的特征代号,与其配合的圆锥外螺纹的特征代号为 R_1
传动 螺纹	梯形 螺纹	Tr		$Tr40 \times 7-7e$	梯形外螺纹,公称直径40,单线,螺距7,右旋,中径公差带代号7e,中等旋合长度
	锯齿 形螺 纹	B		$B32 \times 6-7e$	锯齿形外螺纹,公称直径32,单线,螺距6,右旋,中径公差带代号7e,中等旋合长度

（5）注写螺纹标记时的注意点　有以下几点：

① 普通螺纹的螺距有粗牙和细牙螺距两种,粗牙螺距不标注,细牙必须注出螺距。

② 左旋螺纹要注写 LH,右旋螺纹不注。

③ 普通螺纹公差带代号包括中径和顶径公差带代号,如 5g、6g,前者表示中径公差带代号,后者表示顶径公差带代号,是加工允许的尺寸误差。如果中径与顶径公差带代号相

同,则只标注一个代号。传动螺纹公差带代号只包括中径公差带代号,如 5H、6 g。注意内螺纹的尺寸偏差用大写字母表示。

④ 普通螺纹的旋合长度规定为短(S)、中(N)、长(L)3 组,中等旋合长度(N)不必标注。有时采用旋合长度的尺寸数值表示。

⑤ 55°非密封管螺纹的内螺纹和 55°密封管螺纹的内、外螺纹仅一种公差等级,公差带代号省略不注,如 Rc2 管螺纹。55°非密封管螺纹的外管螺纹有 A、B 两种公差等级,螺纹公差等级代号标注在尺寸代号之后,如 G1/2A−LH。

二、螺纹坚固件

(一) 螺纹紧固件的种类及标记

常用的螺纹紧固件有螺栓、螺柱、螺钉、螺母和垫圈等。由于螺纹紧固件在机器中广泛使用,其结构、尺寸均已标准化,使用时查相应国家标准,按规定标记直接外购即可。螺栓用于被联结零件允许钻成通孔的情况;双头螺柱用于被联结零件之一较厚或不允许钻成通孔的情况;螺钉则用于上述两种情况,而且常用在不经常拆卸和受力较小的联结中。螺钉按用途又可分为联结螺钉和紧定螺钉。螺栓、螺母和止动垫圈如图 8 - 14 所示,螺柱和各种螺钉如图 8 - 15 所示。

图 8 - 14   螺栓、螺母和止动垫圈

图 8 - 15   螺柱和各种螺钉

螺纹坚固件的完整标记一般为:

名称	标准编号	规格尺寸	—	性能等级或材料及热处理	—	表面处理

例如,螺栓 GB/T5872—2000 M10×40 表示六角头螺栓,对应的国标为 GB/T5872—2000,牙型及公称直径为 M10,公称长度是 40 毫米。表 8 - 2 是常见螺纹坚固件的标记示例。

表 8－2　常见螺纹坚固件的标记示例

名称及视图	规定标记示例	名称及视图	规定标记示例
开槽盘头螺钉 $M10$ 45	螺钉 GB/T67— 2000 M10×45	双头螺柱($b_m=1.25d$) $M12$ 50	螺柱 GB/T898— 1988 M12×50
内六角圆柱头螺钉 $M16$ 40	螺钉 GB/T70.1— 2000 M16×40— 12.9	1 型六角螺母 $M16$	螺母 GB/T6170— 2000 M16
开槽沉头螺钉 $M10$ 45	螺钉 GB/T68— 2000 M10×45	1 型六角开槽螺母 $M16$	螺母 GB/T6178— 1986 M16
开槽锥端紧定螺钉 $M12$ 40	螺钉 GB/T71— 1985 M12×40	平垫圈 $\phi17$	垫圈 GB/T97・1— 2002 16— 140HV
六角头螺栓 $M12$ 50	螺栓 GB/T5782— 2000 M12×50	弹簧垫圈 $\phi20.2$	垫圈 GB/T93— 1987 20

机械制图与 AutoCAD

（二）螺纹紧固件的联结形式及装配画法

螺纹紧固件通常都是标准件,在有关标准中可以查得结构型式和全部尺寸。为作图方便,画装配图时一般不按实际尺寸作图,而是采用按比例画出的简化画法。表8-3为螺栓、螺母、垫圈和螺钉的比例画法,除螺栓的公称长度 L 需要计算,并查有关标准选定标准值外,其余各部分尺寸都按外螺纹公称直径 d 成一定比例确定。注意这种比例画法主要用于画装配图。

表 8-3　螺栓、螺母、垫圈和螺钉的比例画法

比例画法		比例画法	
螺栓		螺柱	
螺母		平垫圈	
画出倒角的螺栓和弹簧垫圈		画出倒角的螺母	
螺钉		螺钉	

1. 螺栓联结画法

螺栓适用于联结两个不太厚的,并能钻成通孔的零件。联结时,将螺栓(公称直径为 d)穿过被联结两零件的光孔(孔径比螺栓大径略大),如图8-16(a)所示,一般可按 $1.1d$ 画出,套上垫圈,然后用螺母紧固。螺栓联结的装配图画法,如图8-16(b)所示。

画螺栓联结装配图时,应注意以下几点:

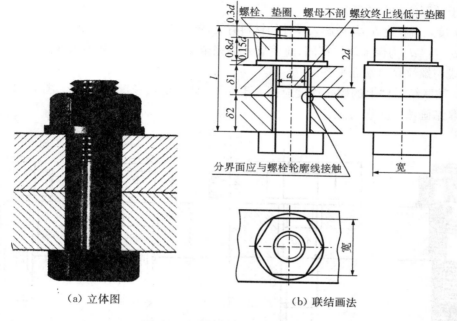

（a）立体图　　　　　　　　　（b）联结画法

图8-16　螺栓联结的装配画法

（1）螺栓的公称长度 L 按下式计算,即

$$L \geqslant \delta_1 + \delta_2 + 0.15d(\text{垫圈厚}) + 0.8d(\text{螺母厚}) + 0.3d(\text{螺栓顶端露出高度})。$$

按上式计算出的长度,从附表中查螺栓标准 GB/T5782—2000,选取略大于计算值的公称长度 L。

（2）在剖视图中,当剖切平面通过螺栓轴线时,螺栓、螺母、垫圈均按不剖绘制,这是装配画法要求。

（3）相邻两零件的表面接触时,画一条轮廓线作为分界线,不接触表面画两条轮廓线。

（4）相邻两零件的剖面线方向应相反。

（5）螺栓的螺纹终止线必须画在垫圈之下,否则螺母可能拧不紧。

2. 螺柱联结画法

当两个被联结的零件中,有一个较厚或不适宜用螺栓联结时,一般采用螺柱联结。螺柱两端都有螺纹,一端(称为旋入端)全部旋入被联结零件之一的螺孔内,另一端(紧固端)穿过另一个被联结零件的通孔,套上垫圈,再用螺母拧紧。螺柱联结的装配图画法,如图8-17

（b、c）所示。

画螺柱联结的装配图时，应注意以下几点：

（1）螺柱的公称长度按下式计算，即

$$L \geqslant \delta + 0.15d(垫圈厚) + 0.8d(螺母厚) + 0.3d(伸出端)。$$

按上式计算出的长度，查螺柱标准 GB/T897—1988（限于篇幅，本标准未收入附录），选取略大于计算值的公称长度 L。

（2）旋入端长度 b_m 与被旋入零件的材料有关，钢或青铜 $b_m = d$，铸铁 $b_m = 1.25d$ 或 $1.5d$，铝合金 $b_m = 2d$。为保证联结牢固，应使旋入端完全旋入螺纹孔中，即在装配图上旋入端的螺纹终止线与螺纹孔口端面平齐。

（3）被联结零件上的螺孔深度应稍大于 b_m，一般取螺纹长度加 $0.5d$。图 7‑18（c）给出了螺柱联结画法的正误对照。

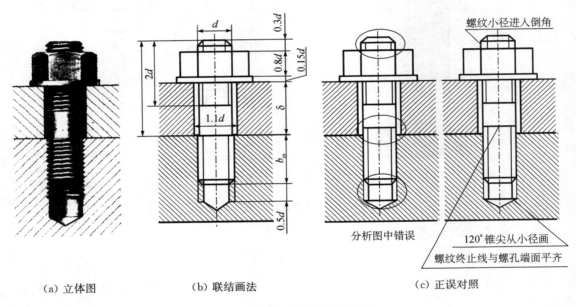

(a) 立体图	(b) 联结画法	(c) 正误对照

图 8‑17　螺柱联结的装配画法

3. 螺钉联结画法

适用于受力不大的零件之间的联结。被联结的零件中一个为通孔，另一个为不通的螺孔。螺钉联结的装配图画法，其旋入端与螺柱相同，被联结通孔口画法与螺栓相同，螺钉根据其头部的形状不同而有多种形式，如图 8‑18（b、c）所示。

画螺钉联结的装配图时，应注意以下几点：

（1）螺钉的公称长度 L 按下式计算：$L \geqslant \delta + b_m$，计算出的长度，查标准选取公称长度 L。

（2）旋入端长度 b_m 与螺柱旋入端相同。

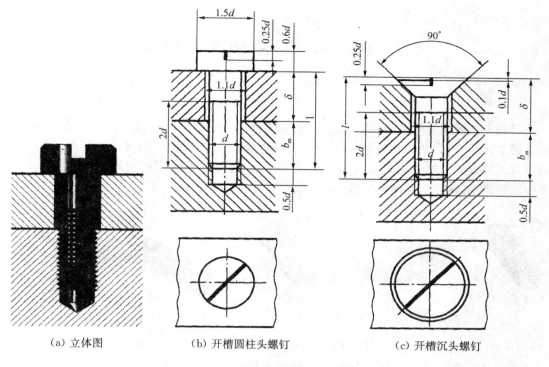

（a）立体图　　　　　　（b）开槽圆柱头螺钉　　　　　　（c）开槽沉头螺钉

图 8 - 18　螺钉联结的装配图画法

（3）为了保证联结牢固，螺钉的螺纹长度与螺孔的螺纹长度都应大于旋入端深度。即装入螺钉后，螺钉上的螺纹终止线必须高出旋入端零件的上端面。

（4）圆柱头开槽螺钉头部的槽（在投影为圆的视图上）不按投影关系绘制，可按图 7 - 18（b）所示画成与水平线成 45°的加粗实线，线宽为粗实线的两倍。

图 8 - 19 所示为紧定螺钉联结的装配图画法。紧定螺钉通常起固定两个零件相对位置的作用，以防产生位移或脱落。使用时，螺钉拧入一个零件的螺纹孔中，并将其尾端压在另一个零件的凹坑或插入另一个零件的小孔中。

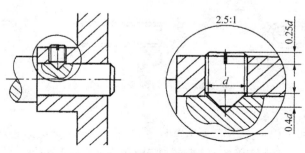

图 8 - 19　紧定螺钉联结的装配画法

8.2 键、销、滚动轴承的画法

一、键

机器中的**键**主要用于轴和轴上的零件（如齿轮、皮带轮等）间的联结，以传递扭矩和运动。键是标准件，如图 8-20 所示，常用的键有普通平键、半圆键和楔键。如图 8-21 所示，将键嵌入轴上的键槽中，再把轴上零件套装在轴上，当轴转动时，通过键联结，轴上零件也将和轴同步转动，达到传递动力的目的。键联结是一种可拆联结。

普通平键　　　　　　半圆键　　　　　钩头楔键

图 8-20 常见的各种键　　　　　　　**图 8-21** 键联结

1. 普通平键的标记（GB/T1096—2003）

普通平键是使用最广的一种键，有 3 种结构型式：A 型（圆头）、B 型（平头）、C 型（单圆头），如图 8-22 所示。普通平键的标记由键名、规格及其相应的国标号组成。例如，

键 B18×100 GB/T1096—2003。

表示宽度 $b = 18$，高度 $h = 11$，长度 $L = 100$ 的 B 型普通平键（A 型普通平键的型号 A 可省略不注）。

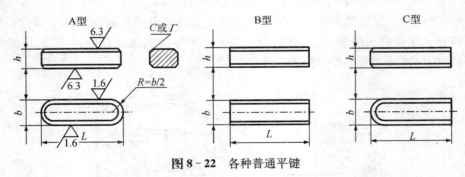

A 型　　　　　　　　　　B 型　　　　　　　　　C 型

图 8-22 各种普通平键

2. 键槽的画法及尺寸标注

因为键是标准件，所以一般不必画出零件图，但要画出轴上与键相配合的键槽。键槽的宽度 b 可根据轴的直径 d 查表确定，轴上的槽深 t 和轮毂上的槽深 t_1 可从键的标准中查得，键的长度 L 应小于或等于轮毂的长度。键槽的画法和尺寸标注如图 8-23 所示，普通平键

的尺寸和键槽的断面尺寸按轴的直径在附表中查得。

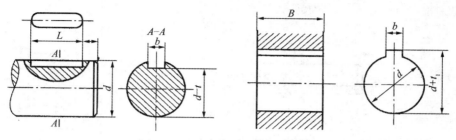

图8-23　键槽的画法与尺寸标注

3. 键联结的画法(画装配图)

当采用普通平键时,键的长度 L 和宽度 b 要根据轴的直径 d 和传递扭矩大小从标准中选取适当值。轴和轮毂上键槽的表达方法及尺寸标注如图8-23所示。轴上的键槽若在前面,局部视图可以省略不画;键槽在上面时,键槽和外圆柱面产生的相交线可用柱面的转向轮廓线代替。

在普通平键联结图上,键联结的画法如图8-24所示。因为键是实心零件,当剖切平面纵向剖切时;键按不剖绘制;但当垂直于键剖切时,键按剖视绘制。键的上表面和轮毂上键槽的底面为非接触面,所以应画两条图线。轮、轴和键剖面线的方向要遵守装配图中剖面线的规定画法。为了表示键在轴上的装配情况,采用了局部剖视。

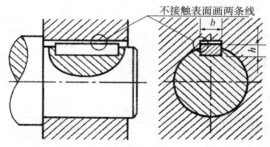

图8-24　普通平键联结图

二、销

销是标准件,通常用于零件间的定位、联结或防松。常用的销有圆柱销、圆锥销和开口销,如图8-25所示。开口销用在带孔螺栓和带槽螺母上,将其插入槽形螺母的槽口和带孔螺栓的孔,并将销的尾部叉开,以防止螺母与螺栓松脱。圆柱销、圆锥销和开口销的主要尺寸、标记和联结画法,见表8-4。

图8-25　圆柱销、圆锥销和开口销

表 8-4　销的种类、型式、标记和联结画法

名称及标准	主要尺寸	标记	联结画法
圆柱销 GB/T119.1—2000		销 GB/T119.1—2000 A$d \times l$	
圆锥销 GB/T117—2000		销 GB/T117—2000 A$d \times l$	
开口销 GB/T91—2000		销 GB/T91—2000 $d \times l$	

三、滚动轴承

在机器中,**滚动轴承**是用来支承轴的标准件(实质上是标准组件)。由于它可以大大减小轴与孔相对旋转时的摩擦阻力,且具有机械效率高、结构紧凑等优点,因此应用极为广泛,且品种规格很多。

1. 滚轴承的结构及其种类(GB/T4459.7—1998)

图 8-26 所示为**滚动轴承**及其构成。滚动轴承的种类繁多,但其结构大体相同,一般由外圈、内圈、滚动体和保持架组成。图 8-27 所示为滚动轴承的各种滚动体。通常,滚动轴承按其可主要承受载荷的方向分为 3 类:

(1) 向心轴承　滚动轴承主要承受径向载荷,如深沟球轴承。

(2) 推力轴承　滚动轴承主要承受轴向载荷,如推力球轴承。

图 8 - 26　滚动轴承及其组成

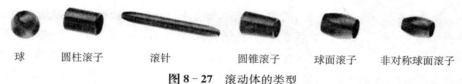

球　　　圆柱滚子　　　滚针　　　圆锥滚子　　球面滚子　　非对称球面滚子

图 8 - 27　滚动体的类型

（3）向心推力轴承　滚动轴承同时承受轴向和径向载荷,如圆锥滚子轴承。

2.滚动轴承的标记

滚动轴承是标准件,国标详尽规定了其标记。滚动轴承的标记由 3 部分组成:轴承名称＋轴承代号＋标准编号。

　　　　　　　　轴承代号:前置代号＋基本代号＋后置代号。

　　　　　　　　基本代号:类型代号＋尺寸系列代号＋内径代号。

例如,滚动轴承 6208　GB/T276—1994。代号 6 表示轴承类型是深沟球轴承,2 表示尺寸系列代号(02),08 表示内径代号($d = 8 \times 5 = 40$ mm)。

（1）类型代号　表示轴承的种类,用数字或字母表示,见表 8 - 5。

表 8 - 5　滚动轴承类型代号

代号	轴承类型	代号	轴承类型
0	双列角接触球轴承	6	深沟球轴承
1	调心球轴	7	角接触球轴承
2	调心滚子轴承和推力调心滚子轴承	8	推力圆柱滚子轴承
3	圆锥滚子轴承	N	圆柱滚子轴承(双列或多列用字母 NN 表示)
4	双列深沟球轴承	U	外球面球轴承
5	推力球轴承	QJ	四点接触球轴承

（2）尺寸系列代号　表示滚动轴承的大小。由滚动轴承的宽度系列代号加上直径(指外圈的外径)系列代号组成,宽度系列代号和直径系列代号用数字表示。

（3）内径代号　表示轴承的公称内径，指内圈的孔径，一般由两位数字组成。

（4）前置代号和后置代号　前置、后置代号是轴承在结构形状、尺寸、公差、技术要求等有改变时，在其基本代号左、右添加的补充代号，具体内容可查阅有关的国家标准。例如6205—2Z/P6 中，2Z 说明这种深沟球滚动轴承两面带防尘盖，P6 表示公差等级符合标准规定的 6 级。

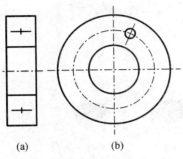

(a)　　　　(b)

图 8-28　滚动轴承的特征画法

3. 滚动轴承的表示法（规定表示法）

滚动轴承是标准件，种类繁多，由专门的企业生产，一般使用企业只要按滚动轴承标记采购即可。但在装配图中要表示滚动轴承。因保持架的形状复杂多变，滚动体的种类、数量又较多，作图麻烦效率低，国标规定了滚动轴承专门的表示方法，即通用画法、特征画法和规定画法，具体见表 8-6。在装配图中画滚动轴承时，应注意同一图样中应采用同一种画法。在图 8-28 中，左视图是滚动轴承的轴线垂直于投影面时的特征画法，无论那种滚动轴承均可采用。图 8-29 所示为装配图中滚动轴承的画法。

表 8-6　常用滚动轴承在装配图中的表示法（画法）

轴承类型	结构形式	通用画法	特征画法	规定画法	承载特征
		（均指滚动轴承在所属装配图的剖视图中的画法）			
深沟球轴承 （GB/T276—1994)6000 型					
圆锥滚子轴承 （GB/T297—1994)30000 型					

续表

轴承类型	结构形式	通用画法	特征画法	规定画法	承载特征
		(均指滚动轴承在所属装配图的剖视图中的画法)			
推力球轴承（GB/T301—1995）51000型	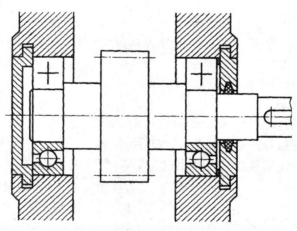				
三种画法的选用		当不需要确切地表示滚动轴承的外形轮廓、承载特性和结构特征时采用	当需要较形象地表示滚动轴承的结构特征时采用	滚动轴承的产品图样、产品样本、产品标准和产品使用说明书中采用	

图 8－29 装配图中滚动轴承的画法

8.3 齿轮的画法

　　齿轮是常用件，广泛用于机器中的传动，不仅可以用来传递动力，还能改变传动轴的转速和回转方向，齿轮的轮齿部分已标准化。图 8－30 所示是齿轮传动中常见的 4 种类型。

(a) 圆柱齿轮传动　(b) 圆锥齿轮传动　(c) 蜗轮蜗杆传动　(d) 齿条传动

图 8 - 30　齿轮传动的常见类型

(1) 圆柱齿轮传动　用于两平行轴之间的传动。

(2) 圆锥齿轮传动　用于两相交轴之间的传动。

(3) 蜗轮蜗杆传动　用于两垂直交叉轴之间的传动。

(4) 齿轮齿条传动　用于齿轮转动与齿条往复运动之间的传动。

齿轮的齿廓曲线有渐开线、摆线和圆弧等形状,应用最广的是渐开线齿轮。齿条是圆柱齿轮的特例。本节主要介绍齿廓曲线为渐开线的标准圆柱直齿齿轮的几何要素及其画法,对锥齿轮和蜗轮蜗杆仅作简单介绍。

一、圆柱齿轮

圆柱齿轮按轮齿与轴线方向的不同分为直齿、斜齿和人字齿 3 种,最常用是直齿圆柱齿轮。

1. 直齿圆柱齿轮的几何要素及尺寸关系

如图 8 - 31 所示。

(1) 齿顶圆　通过轮齿顶部的圆,其直径用 d_a 表示。

(2) 齿根圆　通过轮齿根部的圆,其直径用 d_f 表示。

(3) 分度圆　约定的假想圆,在该圆上,齿厚 s 等于齿槽宽 e(s 和 e 均指弧长)。分度圆直径用 d 表示,它是设计、制造齿轮时计算各部分尺寸的基准圆。

(4) 齿距　分度圆上相邻两齿廓对应点之间的弧长,用 p 表示。

(5) 全齿高　轮齿在齿顶圆与齿根圆之间的径向距离,用 h 表示;齿顶高指齿顶圆与分度圆之间的径向距离,用 h_a 表示;齿根高指齿根圆与分度圆之间的径向距离,用 h_f 表示;全齿高 $h = h_a + h_f$。

(6) 中心距　两正常啮合齿轮轴线之间的距离,用 a 表示。

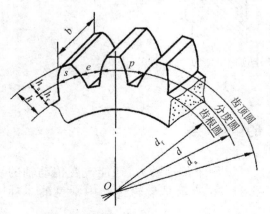

图 8 - 31　齿轮的几何要素及其代号

2. **直齿圆柱齿轮的基本参数**

（1）齿数 z 齿轮上轮齿的个数。

（2）模数 m 齿轮的分度圆周长 $\pi d = zp$，则 $d = (p/\pi) \cdot z$，令 $p/\pi = m$，则 $d = mz$。所以模数是齿距 p 与圆周率 π 的比值，即 $m = p/\pi$，单位为 mm。

模数是齿轮设计、加工中十分重要的参数，模数大，轮齿就大，因而齿轮的承载能力也大。为了便于设计和制造，模数已经标准化，我国规定的标准模数值见表 8-7。

表 8-7   渐开线圆柱齿轮模数（GB/T1357—1987）   （单位：mm）

第一系列	1 1.25 1.5 2 2.5 3 4 5 6 8 10 12 16 20 25 32 40 50
第二系列	1.75 2.25 2.75 (3.25) 3.5 (3.75) 4.5 5.5 (6.5) 7 9 (11) 14 18 22 28 36 45

（3）齿形角   通过齿廓曲线与分度圆交点所作的径向与切向直线所夹的锐角，如图 8-32 所示。GB/T1356—2001 的规定，我国采用的标准齿形角 α 为 20°。两标准直齿圆柱齿轮正确啮合传动的条件是模数 m 和齿形角 α 相等。

图 8-32   齿形角

3. **直齿圆柱齿轮各部分尺寸的计算公式**

齿轮的基本参数 z、m、α 由设计者确定以后，齿轮各部分尺寸可按表 8-8 中的公式计算。

表 8-8   渐开线圆柱齿轮几何要素的尺寸计算

名称	代号	计算公式
齿顶高	h_a	$h_a = m$
齿根高	h_f	$h_f = 1.25m$
全齿高	h	$h = 2.25m$
分度圆直径	d	$d = mz$
齿顶圆直径	d_a	$d_a = m(z+2)$
齿根圆直径	d_f	$d_f = m(z-2.5)$
中心距	a	$a = 1/2 \times (d_1 + d_2) = 1/2 \times (z_1 + z_2)m$

4. **单个圆柱齿轮的画法**

由于齿轮上存在多处平面曲线，齿轮上的轮齿又是多次重复出现的结构，轮齿部分按实形绘制非常麻烦，为了提高绘图效率，国标 GB/T4459.2 对齿轮的画法作了如下规定：

（1）齿顶圆和齿顶线用粗实线表示，分度圆和分度线用细点画线表示，齿根圆和齿根线画细实线或省略不画。

（2）在剖视图中，齿根线用粗实线表示，轮齿部分不画剖面线。

（3）对于斜齿或人字齿的圆柱齿轮，可用 3 条与齿线一致的细实线表示。齿线是分度圆柱面与齿面的交线。齿轮的其他结构，按投影画出。图 8 - 33 所示为按规定画法绘制的单个圆柱齿轮。

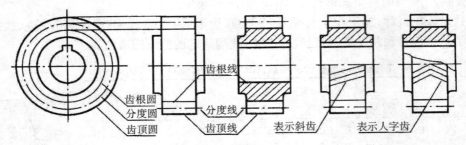

图 8 - 33　圆柱齿轮的画法

5. 圆柱齿轮啮合的画法（画装配图）

图 8 - 34 所示为两圆柱齿轮啮合的情况。两标准齿轮互相啮合时，两齿轮分度圆处于相切的位置，此时分度圆又称为**节圆**。两齿轮的啮合画法，关键是啮合区的画法，其他部分仍按单个齿轮的画法规定绘制，如图 8 - 35 所示。啮合区的画法规定如下：

图 8 - 34　直齿和斜齿圆柱齿轮啮合情况

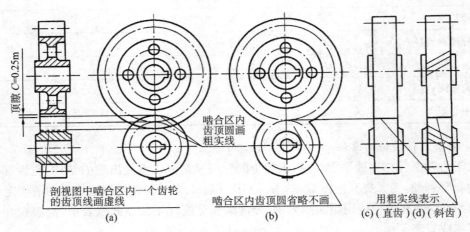

图 8 - 35　圆柱齿轮的啮合画法

（1）在投影为圆的视图中，两齿轮的节圆相切。啮合区内的齿顶圆均画粗实线，如图 8 - 36(a)所示，也可以省略不画，如图 8 - 35(b)所示。

（2）在非圆投影的剖视图中，两轮节线重合，画一条细点画线，齿根线画粗实线。齿顶线的画法是将一个轮的轮齿作为可见画成粗实线，另一个轮的轮齿被遮住部分画成虚线，如图 8 - 35(a)所示，该虚线也可省略不画。

（3）在非圆投影的外形视图中，啮合区的齿顶线和齿根线不必画出，节线画成粗实线，如图 8 - 35(c)所示。

6. 齿轮与齿条啮合的画法

当齿轮的直径无限大时，齿轮就成为齿条，齿顶圆、分度圆、齿根圆和齿廓曲线都变成直线。齿轮与齿条相啮合时，齿轮旋转，齿条则作直线运动。齿条的模数和齿形角应与相啮合的齿轮的模数和齿形角相同。

齿轮和齿条啮合的画法与两圆柱齿轮啮合的画法基本相同。在主视图中，齿轮的节圆与齿条的节线应相切。在全剖的左视图中，应将啮合区内的齿顶线之一画成粗实线，另一轮齿被遮部分画成虚线或省略不画，如图 8 - 36(b)所示。

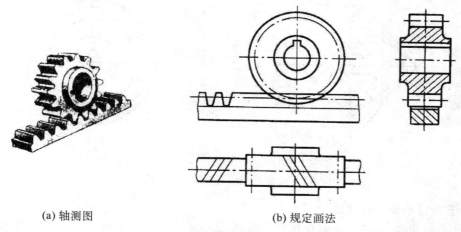

(a) 轴测图　　　　　　(b) 规定画法

图 8 - 36　齿轮与齿条啮合的画法

*二、直齿圆锥齿轮

1. 直齿圆锥齿轮各部分尺寸关系

图 8 - 37 所示为直齿圆锥齿轮各部分名称和符号，直齿圆锥齿轮是在齿坯上加工出来的，其基本形体结构由前锥、顶锥、背锥等组成。由于圆锥齿轮的轮齿加工在锥面上，大小端齿数不变，齿厚是逐渐变化的，直径和模数也随着齿厚沿轴向变化而变化。国标规定直齿圆锥齿轮大端的法向模数为标准模数，法向齿形为标准渐开线。在轴向剖面内，大端背锥素线与分度锥素线垂直，齿轮轴线与分度锥素线的夹角 δ 称为**分度圆锥角**，它也是一个基本参数。各部分尺寸计算见表 8 - 9。

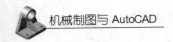

表 8-9　锥齿轮各部分尺寸计算

项目	代号	计算公式	项目	代号	计算公式
分度圆直径	d	$d = mz$	齿顶角	θ_a	$\tan\theta_a = 2\sin\delta/z$
分锥角	δ	$\tan\delta_1 = z_1/z_2$　$\delta_2 = 90° - \delta_1$	齿根角	θ_f	$\tan\theta_f = 2.4\sin\delta/z$
齿顶高	h_a	$h_a = m$	顶锥角	δ_a	$\delta_a = \delta + \theta_a$
齿根高	h_f	$h_f = 1.2m$	根锥角（背锥角）	δ_f	$\delta_f = \delta - \theta_f$
齿高	h	$h = h_a + h_f$	外锥距	R	$R = mz/2\sin\delta$
齿顶圆直径	d_a	$d_a = m(z + 2\cos\delta)$	齿宽	b	$b = (0.2 \sim 0.35)R$
齿根圆直径	d_f	$d_f = m(z - 2.4\cos\delta)$			

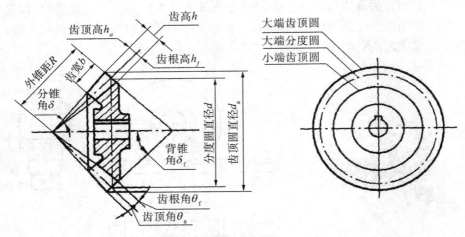

图 8-37　锥齿轮各部分的名称及符号

2. 直齿圆锥齿轮的画法

直齿圆锥齿轮的画图步骤，如图 8-38 所示。直齿圆柱齿轮的计算公式仍适用于大端法线方向的参数计算，由齿数和模数计算出大端分度圆直径，齿顶高为 $1m$，齿根高为 $1.2m$（m 为大端模数）。

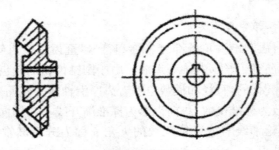

图 8-38　单个圆锥齿轮的画法图

3. 两直齿圆锥齿轮啮合的画法

两直齿圆锥齿轮啮合情况如图 8-39 所示,两直齿圆锥齿轮啮合画法步骤如图 8-40 所示。一对安装准确的标准圆锥齿轮,两分度圆锥必相切,两分度圆锥角 δ_1 和 δ_2 互为余角,$\delta_1 + \delta_2 = 90°$,啮合区轮齿的画法同直齿圆拄齿轮。

图 8-39　两锥齿轮啮合情况

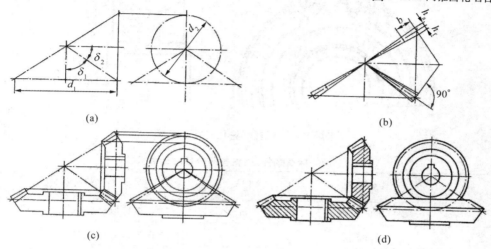

(a)　　　　　　　　　　　　　　　　(b)

(c)　　　　　　　　　　　　　　　　(d)

图 8-40　一对锥齿轮啮合的画图步骤

[*] 三、蜗轮、蜗杆及其传动

图 8-41　蜗轮蜗杆传动

蜗轮、蜗杆用来传递空间交叉两轴间的回转运动,最常见的是两轴垂直交叉,如图 8-41 所示。工作时蜗杆为主动件,蜗轮为从动件。蜗杆的齿数(z_1)称为**头数**,相当于螺杆上螺纹的线数。蜗杆常用单头或双头,在传动时,蜗杆旋转一圈,蜗轮只转过一个齿或两个齿。因此,用蜗轮蜗杆传动,可得到较大的传动比($I = z_2/z_1$,z_2 为蜗轮齿数)。对圆柱齿轮或锥齿轮来说,传动比越大,齿轮所占的空间也越大,相对而言,蜗轮蜗杆结构则更为紧凑,所以广泛用于传动比大的机械传动中。蜗轮蜗杆传动的主要缺点是效率低,制造成本相对较高。

如图 8-42 所示,蜗轮和蜗杆的轮齿是螺旋形的,蜗轮的齿顶面和齿根面常制成圆环面,以保证蜗轮和蜗杆传动平稳。啮合的蜗轮和蜗杆,必须有相同的模数和齿形角。国标规定,在通过蜗杆轴线并垂直于蜗轮的主平面内,蜗杆和蜗轮的模数、齿形角为标准值,其啮合关系相当于齿条与齿轮的啮合。蜗杆的轴向模数为 m_x,蜗轮的端面模数为 m_t,正常啮合的情况下,$m_x = m_t = m$。蜗杆的直径系数 q 是一个特征参数,蜗轮、蜗杆各部分尺寸计算公式见表 8-10。

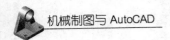

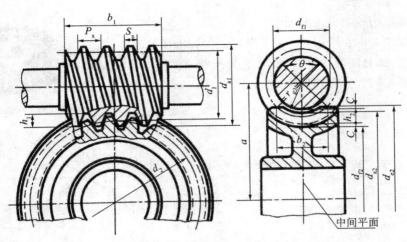

图 8-42　蜗杆蜗轮几何要素代号

表 8-10　标准蜗杆、蜗轮各部分尺寸计算公式

序号	名　称	符号	计算公式
1	蜗杆轴向模数	m_x	设计时查表选取标准值
2	蜗轮端面模数	m_t	设计时查表选取标准值
3	蜗杆头数	z_1	设计时确定
4	蜗轮齿数	z_2	设计时确定
3	导程角	γ	$\tan\gamma = z_1/q$
4	蜗杆直径系数	q	设计时查表选取标准值
5	轴向齿距	p_x	$p_x = \pi m$
6	齿顶高	h_a	$h_a = m$
7	齿根高	h_f	$h_f = 1.2m$
8	齿高	h	$h = 2.2m$
9	蜗杆分度圆直径	d_1	$d_1 = mq$
10	蜗杆齿顶圆直径	d_{a1}	$d_{a1} = m(q+2)$
11	蜗杆齿根圆直径	d_{f1}	$d_{f1} = m(q-2.4)$
12	蜗杆导程	p_z	$p_z = z_1 p_x$
13	蜗杆齿宽	b_1	当 $z_1 = 1\sim2$ 时，$b_1 = (11+0.06z_2)m$
14	蜗轮分度圆直径	d_2	$d_2 = mz_2$
15	蜗轮喉圆直径	d_{a2}	$d_{a2} = m(z_2+2)$

序号	名　称	符号	计算公式
16	蜗轮顶圆直径	d_{e2}	d_{e2}
17	蜗轮齿根圆直径	d_{f2}	$d_{f2}=m(z_2-2.4)$
18	蜗轮齿宽	b_2	b_2
19	蜗轮咽喉母圆半径	r_{g2}	$r_{g2}=d_2/2-m$
20	中心距	a	$a=m/2(q+z_2)$

蜗杆和蜗轮各部分几何要素的代号和规定画法,如图 8-43 和图 8-44 所示,其画法与圆柱住齿轮基本相同,但在蜗轮投影为圆的视图中,只画出分度圆 d_2 和最外圆 d_{e2},不画齿根圆 d_{f2}。图 8-45 为蜗杆蜗轮啮合时的画法(装配画法)。

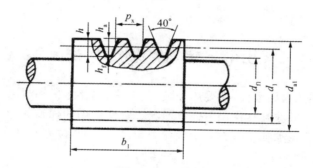

图 8-43　蜗杆的画法

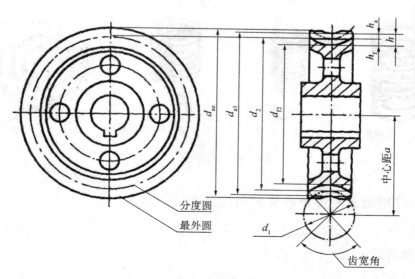

图 8-44　蜗轮的画法

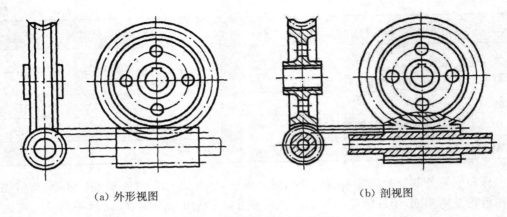

(a) 外形视图   (b) 剖视图

图 8 - 45   蜗轮蜗杆啮合的画法

8.4 弹簧的画法

弹簧是广泛使用的常用零件,主要用于减震、夹紧、储存能量和测力等方面,弹簧的特点是在去掉外力后,能立即在弹性作用下恢复原状。日常使用的弹簧如图 8 - 46 所示,形状各异,其中普通圆柱螺旋压缩弹簧具有一定的代表意义,故本节仅介绍普通圆柱螺旋压缩弹簧的画法和尺寸计算。

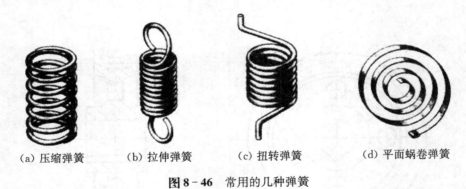

(a) 压缩弹簧   (b) 拉伸弹簧   (c) 扭转弹簧   (d) 平面蜗卷弹簧

图 8 - 46   常用的几种弹簧

一、圆柱螺旋压缩弹簧各部分名称及尺寸计算

如图 8 - 47 所示为圆柱螺旋压缩弹簧的各参数。

(1) 簧丝直径 d 弹簧钢丝直径。

(2) 弹簧外径 D 弹簧最大直径。

(3) 弹簧内径 D_1 弹簧最小直径。

（4）弹簧中径 D_2　弹簧的平均直径，
$D_2 = (D + D_1)/2 = D_1 + d = D - d$。

（5）节距 t　除支承圈外，相邻两有效圈
上对应点之间的轴向距离。

（6）有效圈数 n，支承圈数 n_2 和总圈数 n_1

为了使螺旋压缩弹簧工作时受力均匀，增加
弹簧的平稳性，将弹簧的两端一定的圈数并
紧、磨平，磨平的圈数主要起支承作用，称为**支
承圈**。图 7 - 47 所示的弹簧，两端各有 1¼圈
为支承圈，即 $n_2 = 2.5$。保持相等节距的圈数，
称为**有效圈数**。有效圈数与支承圈数之和称为
总圈数，即 $n_1 = n + n_2$。

（7）自由高度 H_0　弹簧在不受外力作用
时的高度（或长度），$H_0 = nt + (n_2 - 0.5)d$。

（8）展开长度 L　制造弹簧时坯料的长
度。由螺旋线的展开可知

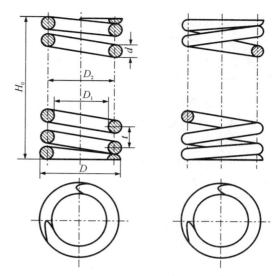

图 8 - 47　圆柱螺旋压缩弹簧

$$L \approx n_1 \sqrt{(\pi D_2)^2 + t^2}。$$

二、圆柱螺旋压缩弹簧的画法

图 8 - 48 所示是圆柱螺旋压缩弹簧的画法过程：

（1）弹簧在平行于轴线投影面上的视图中，各圈的轮廓不必按螺旋线的真实投影画出，
可用直线代替螺旋线的投影。

（2）不论螺旋弹簧是左或右旋，均可画成右旋；但左旋弹簧不论画成左旋或右旋，一律

（a）以自由高度 H_0
和弹簧中径 D_2
作矩形 $ABCD$

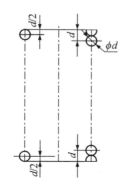

（b）画出支承圈部分
与簧丝直径相等
的圆和半圆

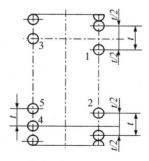

（c）根据节距 t 作簧丝断
面

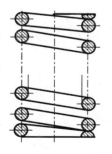

（d）按右旋方向作簧丝断面
的切线，校核，加深，面
剖面线

图 8 - 48　圆柱螺旋压缩弹簧的画图步骤

要加注旋向"左"字。在有特定的右旋要求时,也应注明"右旋"。

（3）有效圈数在 4 圈以上的螺旋弹簧,中间各圈可以省略,只画出其两端的 1～2 圈(不包括支承圈),中间只需用通过簧丝断面中心的细点画线连起来。省略后,允许适当缩短图形的长度,但应注明弹簧设计要求的自由高度。

（4）在装配图中,螺旋弹簧被剖切后,不论中间各圈是否省略,被弹簧挡住的结构一般不画,其可见部分应从弹簧的外轮廓线或弹簧钢丝剖面的中心线画起。

圆柱螺旋压缩弹簧的 3 种画法如图 8－49 所示。

在装配图中,当弹簧钢丝的直径在图上等于或小于 2 mm 时,其剖面可以涂黑表示,如图 8－50(b)所示,或采用图 8－50(c)所示的示意画法。

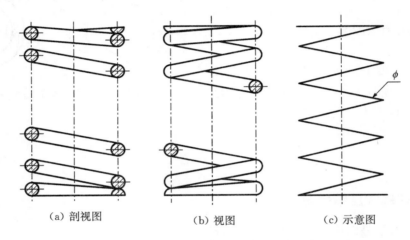

(a) 剖视图   (b) 视图   (c) 示意图

图 8－49 圆柱螺旋压缩弹簧的三种画法

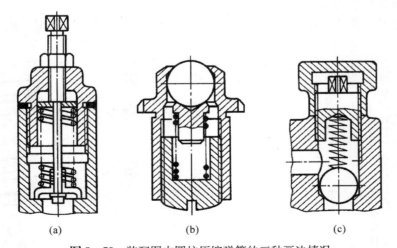

(a)   (b)   (c)

图 8－50 装配图中圆柱压缩弹簧的三种画法情况

第**9**章

零件图画法与识读

　　机器都是由若干零件按装配图组装成的,故零件的形状、大小及技术要求要满足机器的相应要求。零件的功能不同,形状各异,一般将零件分为标准件、常用件和专用件。标准件和常用件在机器中使用广泛,通常由专门的企业组织生产,一般机器制造企业只需按规格外购即可,而专用件的功能仅满足某一型机器,故必须专门组织生产。生产专用件要依据零件图加工和检验,以满足机器的各种要求。零件图,又称**零件工作图**,是表示单个零件的图样,它是制造和检验零件的主要依据,是生产企业重要的技术文件,是根据装配图设计出来的。本章将介绍绘制和识读零件图的基本方法、零件图的尺寸标注、零件的加工工艺结构特点,以及零件的技术要求等方面的内容。图 9-1 所示是几种典型的零件。本章教学重点是零件图的识读,教学难点是零件图的画法,教师可根据教学对象专业重点与课时选择教学内容。

图 9-1 典型零件

9.1　零件图概述

一、零件图的作用及与机器的关系

　　零件图表达的对象是机器中的一个特定的零件,零件图表示零件的结构形状、大小和有关技术要求,由设计人员根据机器的装配图绘制出零件图。生产企业根据零件图组织生产并依据零件图检验,以满足机器的正常使用要求。

图 9－2 所示是滑动轴承的轴测分解图，滑动轴承是机器设备中常用支承轴传动的部件，由标准件（如螺栓、螺母、油杯、垫圈等）和专用件（如轴承座、轴承盖等）装配而成。

轴承座是滑动轴承的最大的专用零件，也是主要零件，它与轴承盖通过两组螺栓和螺母紧固，压紧上、下轴衬；轴承盖上部的油杯是给轴衬加注润滑油的；轴承座下部的底板，在滑动轴承安装时起支撑和固定作用。由此可见，零件的结构形状、大小及质量要求，是由零件在机器中的功用以及与其他零件的装配联结关系确定的。

图 9－2　滑动轴承的构成

二、零件图的内容

图 9－3 所示为轴承座零件图，从图样中可看出，一张零件图应包括以下几项基本内容：

（1）一组视图　用一组视图将零件的内、外形状结构准确、完整、清晰、简便地表达出来。轴承座零件图采用了 3 个视图表达其形状，分别是主、俯和左视图，为了在视图上兼顾表达轴承座的内外形状，主、左视图采用了半剖画法。

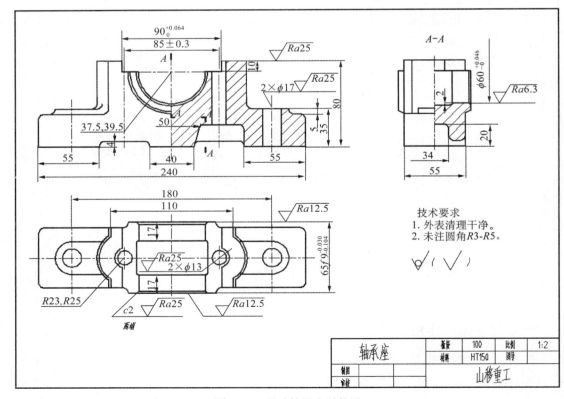

图 9－3　滑动轴承座零件图

（2）齐全的尺寸　正确、齐全、清晰、合理地标注零件在制造和检验时所需要的全部尺寸，以反映轴承座的大小。

（3）技术要求　零件是加工制造出来的，总会有加工误差，不仅零件的尺寸大小会产生误差，而且各形体的形状和位置也会产生误差。另外，机器对零件的强度、刚度和变形也会有严格要求。故零件图上，通常用规定的符号、代号、标记和文字注释等简明地给出零件在制造时所应达到的各项技术要求。

（4）标题栏　填写零件名称、设计单位、零件材料、绘图比例、图号，以及设计、制图、审核人员的签名等，这些也是零件图中不可或缺的内容。

9.2　零件图表达方案

零件图的主要任务之一就是要绘制出零件的一组视图，正确、完整、清晰、简便地表达零件的结构形状。要满足这些要求，首先要对零件的结构形状特点进行形体分析，并尽可能了解零件在机器或部件中的位置、作用、加工方法和加工成本等，然后恰当地运用视图、剖视图、断面图等机件的各种表示法，拟定几组视图表达方案，确定一个比较合理的视图表达方案，画出零件图的一组视图。

一、主视图的选择

主视图是零件图中一组图形的核心，在画零件的主视图时，一般应按以下两方面综合考虑。

1. 确定主视图的投射方向

选择零件主视图的投射方向要满足形状特征原则，要能明显地反映该零件主要形体的形状特征。如图 9-4 所示的轴承盖，选择 A 向作为主视图的投射方向，显然比 B 向更清楚

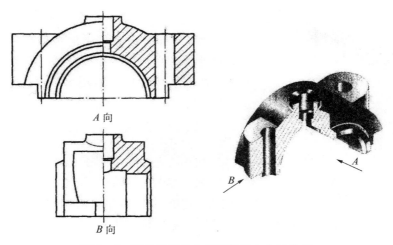

A 向

B 向

图 9-4　滑动轴承盖主视图投影方向的选择

地表达轴承盖的形体特征。

2. 确定零件的摆放位置

零件的摆放位置要尽可能满足零件的主要加工位置原则、工作位置原则和自然安放位置原则。

零件图的主视图应尽可能与零件在机械加工时所处的位置一致,如加工轴、套、轮、圆盘等零件,大部分工序是在车床或磨床上进行的,因此,这类零件的主视图应将其轴线水平放置,以便加工时看图。但有些零件形状比较复杂,如箱体、叉架等加工状态各不相同,需要在不同的机床上加工,其主视图宜尽可能选择零件的工作状态(在机器中工作时所处的位置)绘制。如图9-3所示,轴承座属于箱体类零件,其摆放位置就是按工作位置确定的。如果零件在机器中是运动的,又不存在主要加工位置,则要考虑采用自然安放位置,如火车上传动车轮的连杆。

二、其他视图的选择

主视图确定以后,要分析该零件还有哪些结构形状未表达清楚,再考虑如何将主视图上未表达清楚的部位辅以其他视图补充表达,并使每个视图都有表达重点。在选择视图时,应优先选用基本视图以及在基本视图上作剖视。总之,要首先考虑看图方便,在充分表达清楚零件结构形状的前提下,尽量减少视图的数量,力求制图简便,避免重复表达。图9-3中轴承座零件图采用了3个基本视图,为了兼顾轴承座的内外结构形状,在主、左视图上又进行了半剖处理。

三、零件表达方案的选择

零件的种类很多,结构形状也千差万别。通常,根据结构和用途相似的特点及加工制造的特点,将一般零件分为轴套、轮盘、叉架、箱体等4类零件。

图9-5 阶梯轴

(一)轴、套类零件

1. 用途

这类零件包括各种用途的轴和套。**轴**主要用来支承传动零件(如带轮、齿轮等)和传递动力,**套**一般是装在轴上或机体孔内,用于定位、支承、导向或保护传动零件,如图9-5所示。

2. 结构特点

轴套类零件结构通常比较简单,一般由大小不同的同轴回转体(圆柱、圆锥)组成,具有轴向尺寸大于径向尺寸的特点。轴有直轴和曲轴、光轴和阶梯轴、实心轴和空心轴之分。阶梯轴上直径不等所形成的台阶称为**轴肩**,可供安装在轴上的零件轴向定位用。轴类零件上常有倒角、倒圆、退刀槽、砂轮越程槽、挡圈槽、键槽、花键、螺纹、销孔、中心孔等结构,这些结构都是由设计要求和加工工艺要求所决定的,多数已标准化。

3. 视图选择

（1）主视图选择　轴类零件主要在车床上加工，一般加工位置将轴线水平放置画主视图。这样也基本符合轴的工作位置（机器上的多数轴是水平安装的），同时也反映了零件的形状特征。通常将轴的大端朝左、小头朝右，轴上的键槽、孔朝前或朝上，表示其形状和位置明显。

形状简单且较长的零件，可采用折断画法；实心轴上个别部分的内部结构，可用局部剖视表达；空心套可用剖视（全剖、半剖、局部剖）表达。轴端中心孔不作剖视，用规定的标准代号表示。

（2）其他视图选择　由于轴套类零件的主要结构是回转体，在主视图上注出相应的直径符号"ϕ"，即可表示形体特征，一般不必再选其他基本视图（结构复杂的轴除外）。

基本视图尚未表达清楚的局部结构形状（如键槽、退刀槽、孔等），可另用断面图、局部放大图和局部视图进行补充表达，这样既清晰又便于标注尺寸。如图 9-6 所示为阶梯轴的视图表达方案。

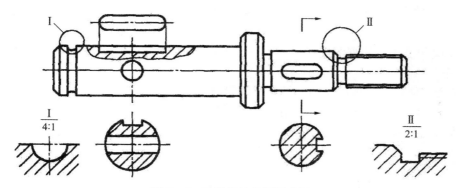

图 9-6　轴类零件的视图选择

（二）轮、盘类零件

1. 用途

轮盘类零件包括各种用途的轮和盘盖零件，其毛坯多为铸件或锻件。轮一般用键、销与轴联结，用以传递扭矩，盘盖零件可起支承、定位和密封等作用。图 9-7 所示为两种端盖。

图 9-7　端盖轴测图

2. 结构特点

轮常见于手轮、带轮、链轮、齿轮、飞轮等，盘盖有圆、方各种形状的法兰盘、端盖等。轮盘类零件多系回转体，一般径向尺寸大于轴向尺寸，其上常有均布的孔、肋、槽和耳板、齿等结构,透盖上常有密封槽。轮一般由轮毂、轮辐、轮缘 3 部分组成,较小的轮也可做成实体式。

3. 视图选择

(1) 主视图选择　轮盘类零件的主要回转面和端面都在车床上加工,故与轴套类零件相同,也按加工位置将其轴线水平放置画主视图。有些不以车削为主的盘盖类零件,也可按工作位置选主视图。主视图的投影方向应反映形状结构特征。

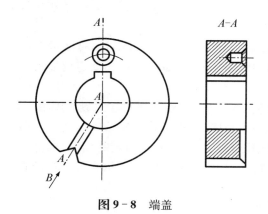

图 9 - 8　端盖

通常选投影非圆的视图作为主视图,主视图通常侧重反映内部形状,故多用各种剖视。

(2) 其他视图的选择　**轮盖**类零件一般需两个基本视图。当基本视图图形对称时,可只画一半或略大于一半;有时也可用局部视图表达。基本视图未能表达的其他结构形状,可用剖视图或局部视图表达。如有较小的结构,可用局部放大图表达。如图 9 - 8 所示为端盖的主、右视图。

(三) 叉架类零件的视图选择

1. 用途

叉架类零件包括各种用途的叉杆和支架零件,如图 9 - 9 所示。叉杆零件多为运动件,通常起传动、联结、调节或制动等作用,如连杆等。支架零件通常起支承、联结等作用,其毛坯多为铸件或锻件。

图 9 - 9　叉架类零件

2. 结构特点

此类零件形状不规则,外形较复杂。叉杆零件常有弯曲或倾斜结构,其上常有肋板、轴孔、耳板、底板等结构,局部结构常有油槽、油孔、螺孔、沉孔等。

3. 视图选择

(1) 主视图选择　叉架类零加工时,各工序位置不同,较难区别主次,故一般都按工作位置画主视图。当工作位置是倾斜的或不固定时,可将其摆正画主视图。

主视图常采用局部剖视表达主体外形和局部内形,其上肋剖切时应采用规定画法。表面过渡线较多,应仔细分析,正确表达。

(2) 其他视图选择　叉架类零件结构形状较复杂,通常需要两个或两个以上的基本视图,并多用局部剖视兼顾内外形表达。

　　叉杆零件的倾斜结构常用斜视图、斜剖和断面等表达。与投影面处于特殊位置的局部结构,也可用局部视图或断面图表达。此类零件采用适当分散表达较多。图 9 - 10 为支架的两种表达方案,显然(b)方案简单明了,重复表达少,方案较优。

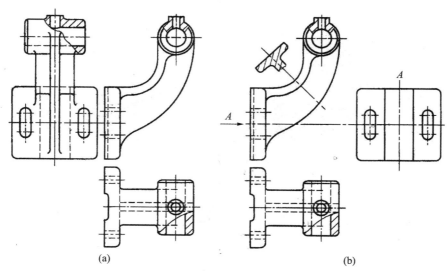

(a)　　　　　　　　　　　　　　　　(b)

图 9 - 10　支架的两种表达方案比较

(四) 箱体类零件的视图选择

　　1. 用途

　　箱体类零件一般是机器的主体,起承托、容纳、定位、密封和保护等作用,其毛坯多为铸件。

　　2. 结构特点

　　如图 9 - 11 所示,箱体类零件的结构形状复杂,尤其是内腔比较复杂。此类零件多有带安装孔的底板,上面常有凹坑或凸台结构。支承孔处常设有凸台或加强肋,表面过渡线较多。

图 9 - 11　箱体类零件

　　3. 视图选择

　　(1) 主视图选择　箱体类零件加工部位多,加工工序也较多(车、刨、铣、钻、镗、磨等),各工序加工位置不同,较难区分主次工序,因此这类零件都按工作位置画主视图。

　　主视图常采用各种剖视(全剖、半剖、局部剖)及其不同剖切方法来表达主要结构,其投影方向应反映形状特征。

　　(2) 其他视图选择　箱体类零件外形和内腔都很复杂,常需 3 个或 3 个以上的基本视图,并作适当的剖视表达主体结构。基本视图尚未表达清楚的局部结构,可用局部视图、断

面图等表达。对加工表面的截交线、相贯线和非加工表面的过渡线,应认真分析、正确图示。

例 9 - 1　箱体零件的表达方案

分析　该箱体可分为腔体和底板两部分,腔体的 4 个侧面均有若干圆孔和凸台。主视图选择如图 9 - 12 所示工作位置,投射方向为 A。图 9 - 13 和图 9 - 14 画出了箱体的两种表达方案。

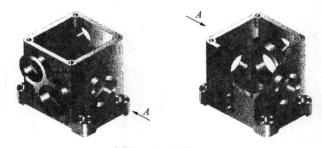

图 9 - 12　箱体

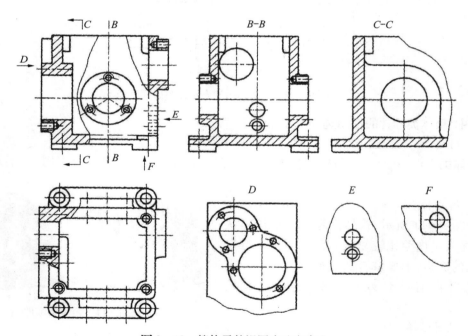

图 9 - 13　箱体零件视图表达方案 I

方案 I 采用 7 个视图,如图 9 - 13 所示。主视图表达箱体前侧面的外形,并用两处局部剖视表示两个轴承孔,用虚线表示内腔壁厚和右壁的螺纹孔;俯视图主要表示外形,用局部剖视表示轴承孔;左视图采用 B - B 全剖视图,表示内部结构形状;D 向视图表示左壁外侧的凸台;C - C 局部剖视图表示左壁内侧凸台;E 向局部视图表示右壁上两个螺孔;F 向局部视图表示底面凸台。

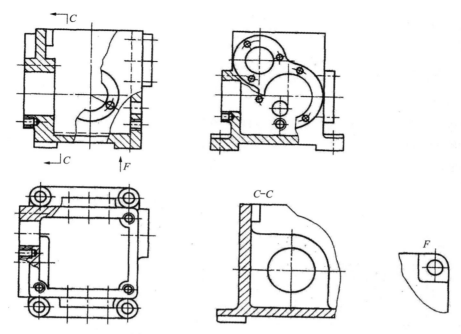

图 9‐14 箱体零件的视图表达方案Ⅱ

图 9‐14 所示为方案Ⅱ，与方案Ⅰ的不同之处是：主视图上用局部剖视表示右壁螺孔，省去了 E 向局部视图；左视图采用局部剖视，既表示左侧面凸台，也表示了腔体内部结构形状，省去了 D 向局部视图；俯视图上的局部视图明确表示了左、右壁上的两轴承孔同轴。

比较箱体的两个表达方案，方案Ⅱ比方案Ⅰ少用两个视图，完整表达了箱体的内、外结构形状（读者还可以进一步提出更好的表达方案，并分析比较其优缺点）。

9.3 常见的零件工艺结构

零件的结构和形状，除了应满足机器使用功能上的要求外，还应满足制造工艺方面的要求和机器的装配要求，须具有合理的工艺结构，降低机件的加工成本，减小加工生产难度，便于装配。零件上常见的工艺结构有两大类，即铸造加工和机加工工艺结构。图 9‐15 所示

图 9‐15 经过铸造加工过程的几种零件

的零件,一般需要先经过铸造加工制成机件毛坯,然后经机加工制成零件,这样可以减少切削加工量。

一、铸造工艺结构

1. 拔模斜度

如图 9-16 所示,用铸造方法制造零件毛坯时,为便于将木模从砂型中取出,一般沿木模起模方向制成约 1:20 的斜度,叫**拔模斜度**。因此,在零件的内、外壁沿起模方向也有一定的斜度,这种斜度在图样中可不予标注,也不一定画出,必要时在技术要求中用文字注释。

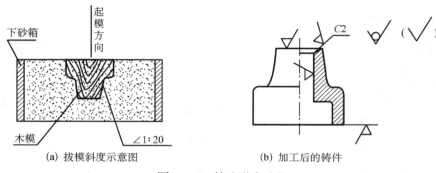

(a) 拔模斜度示意图　　　　　　(b) 加工后的铸件

图 9-16　铸造形成过程

2. 铸造圆角

如图 9-17 所示,为防止砂型在尖角处脱落和避免铸件冷却收缩时在尖角处产生裂缝,铸件各表面相交处应做成圆角。铸造圆角半径在视图上一般不标注,集中注写在技术要求中。

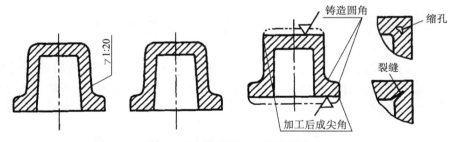

图 9-17　拔模斜度与铸造圆角

由于铸造圆角的存在,零件上的表面交线不明显。为了区分不同形体的表面,在零件图上仍画出两表面的交线,称为**过渡线**(新国标规定可见过渡线用细实线表示)。过渡线的位置及画法与交线的位置及画法基本相同,表示时略有差异,如图 9-18、图 9-19 所示。

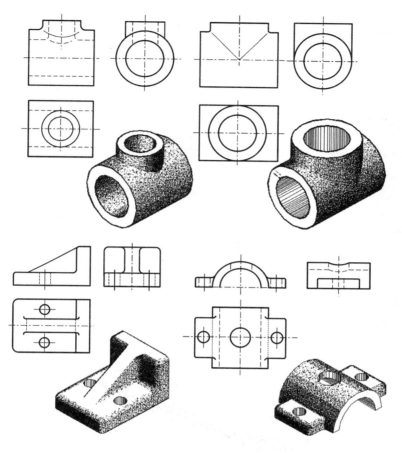

图 9‑18 圆柱相交、肋板与平面相交的过渡线画法

从这点开始有曲线

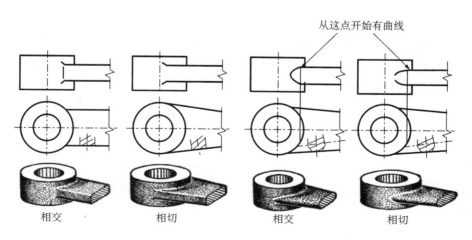

相交　　　　相切　　　　相交　　　　相切

图 9‑19 铸造零件上的过渡线画法

3. 铸件壁厚

为了避免浇铸后由于铸件壁厚不均匀而产生缩孔、裂纹等缺陷,应尽可能使铸件壁厚均匀或逐渐过渡,如图 9-20 所示。

图 9-20　铸件壁厚

二、机械加工工艺结构

1. 倒角和圆角

如图 9-21 所示,轴上常加工有倒角和圆角。为了便于装配和安全操作,轴和孔的端部甚至零件两表面相交处加工成倒角。为避免因应力集中而产生裂纹,在轴肩处采用圆角过渡(存在 1/4 个圆环面)。当倒角为 45° 时,尺寸标注可简化,如图 9-22 所示,图中的 C2 表示 45° 倒角,倒角距离为 2 mm。

图 9-21　加工有倒角、圆角、退刀槽和越程槽的轴

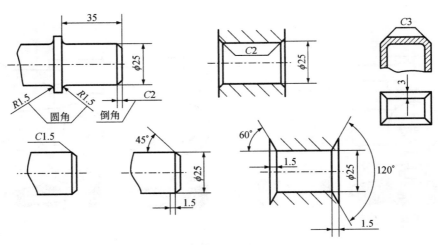

图 9-22　零件上倒角和圆角的画法与标注

2. 退刀槽和砂轮越程槽

在车削加工、磨削加工或车制螺纹时,为了便于退出刀具或使砂轮越过加工面,通常在待加工的末端先加工出退刀槽或砂轮越程槽,如图9-23所示。其结构与尺寸已标准化,可查相关标准。

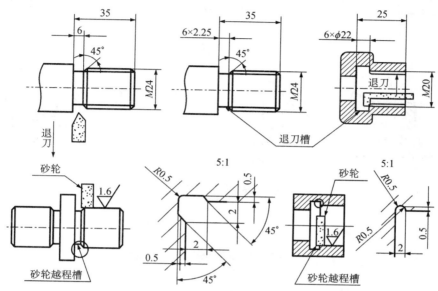

图9-23 退刀槽和砂轮越程槽

3. 减少加工面

两零件的接触面都要加工时,为了减少加工面,并保证两零件的表面接触良好,常将两零件的接触面做成凸台或凹坑、凹槽等结构,如图9-24所示。

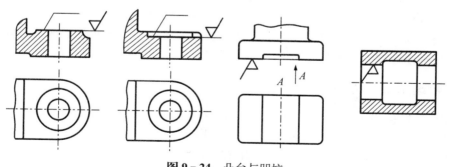

图9-24 凸台与凹坑

4. 钻孔结构

钻孔时,应尽可能使钻头轴线与被钻孔表面垂直,以保证孔的精度和避免钻头折断。图9-25所示为钻孔过程,显然图(a)钻孔时钻头易折断,说明钻孔结构不合理。图9-26所示为钻孔的正确结构。

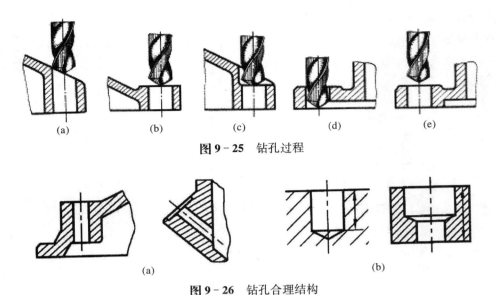

图 9 – 25　钻孔过程

(a)　　　　　　　　　　　　　　　　　(b)

图 9 – 26　钻孔合理结构

9.4　零件图的尺寸标注

　　在零件图中,要对图形标注尺寸,以反映零件的真实大小。但零件是加工制造出来的,凡加工零件总会有尺寸误差,机器的设计者就要考虑零件的加工误差对机器性能的影响,加工制造企业要考虑零件加工看图和检测的方便。故零件图的尺寸标注,除了要满足正确、齐全和清晰的要求外,还要考虑零件图标注尺寸的合理性。所谓标注尺寸的合理性,是指所注尺寸既要满足设计要求,又能符合工艺要求,便于企业对零件的加工和检验。要使尺寸标注很合理,需要设计者具有一定的生产实践经验和有关专业知识,有关零件尺寸正确、清晰、齐全方面的要求与组合体的要求是相同的。由于各加工企业的装备和技术水平不同,本节所述仅是尺寸标注合理的一些基本知识。

一、合理选择尺寸基准

　　任何零件都是空间立体,要反映其大小必须有长、宽、高 3 个方向的尺寸。每个尺寸起止位置对应零件上某个点或线或面。尺寸基准指的是尺寸标注的起点,对应零件上的某个位置。由于零件上有多个尺寸,每个尺寸均有起点位置,故有多个尺寸基准。但每个方向只能有一个主要的尺寸基准,其余为辅助尺寸基准,主要是考虑零件加工有误差,如果没有主次之分,就很难保证零件的制造精度。一般,常选择零件结构的对称面、回转轴线、主要加工面、重要支承面、结合面、圆心和球心作为主要的尺寸基准。根据尺寸基准的用途不同可将其分为设计和工艺两种尺寸基准,根据尺寸基准的作用大小将基准分为主要和次要两种尺寸基准,图 9 – 27 所示为轴承座上 3 个方向的尺寸基准。

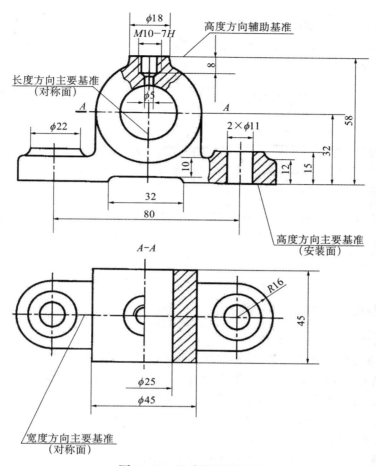

图 9 - 27　尺寸基准的选择

1. 设计尺寸基准与主要尺寸基准

根据零件在机器中的位置和作用选定基准,如图 9 - 27 所示。轴承座的底面为安装面,加工精度要求较高,轴承孔的中心高应根据这一平面来确定,因此底面是高度方向的设计基准,轴承座的长度和宽度方向的对称面是长度和宽度方向的设计尺寸基准。

设计尺寸基准通常选作主要尺寸基准。轴承座的各方向设计基准又是其对应方向的主要尺寸基准,左右和前后对称面是长度和宽度方向的主要基准。

2. 工艺尺寸基准与辅助尺寸基准

在企业加工和检验零件时,都以零件图上的尺寸作为反映零件大小的依据。为零件加工和测量而选定的尺寸基准称为**工艺尺寸基准**,作为辅助尺寸。零件上有些结构若以设计基准为起点标注尺寸,不便加工和测量,必须增加一些辅助基准作为标注这些尺寸的起点。例如图 9 - 27 中螺纹孔 $M10-7H$ 的深度,若以底面为基准标注尺寸十分不便,而以轴承的顶面作为辅助尺寸基准标注其深度尺寸 8,则便于控制加工和测量,轴承座的顶面是工艺基准,也是高度方向的辅助尺寸基准。

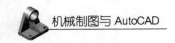

选择基准时,应尽可能使工艺基准与设计基准重合,当不能重合时,所注尺寸应在保证设计要求的前提下满足工艺要求,这是设计上称为**基准重合原则**。阶梯轴所选定的尺寸基准,如图 9-28 所示。

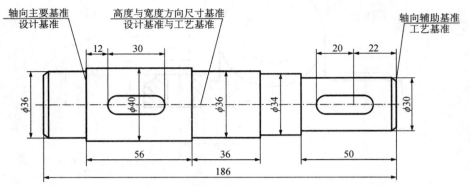

图 9-28 轴选定的主要和辅助尺寸基准

二、合理标注尺寸的一般原则

1. 重要尺寸直接从基准注出

由于零件加工的尺寸有误差,反映零件上的某些部位的尺寸大小就有改变,有些尺寸必须重点保证,就是所谓的重要尺寸。**重要尺寸**主要是指直接影响零件在机器中的工作性能和位置关系的尺寸,如零件之间的配合尺寸、重要的安装定位尺寸等。如图 9-29(a)所示的轴承座,轴承孔的中心高 h_1 和安装孔的间距尺寸 l_1 是重要尺寸,必须直接注出。而不应如图 9-29(b)所示,重要尺寸 h_1 和 l_1 要通过 h_2、h_3 或 l_2、l_3 间接计算得到,这样容易造成误差的积累,导致加工后的零件误差大而不能满足机器的装配要求。零件上一些位置没有标注尺寸,而需借助相邻尺寸求出,这些尺寸往往都是不重要的尺寸,对应零件在此处的尺寸要求不高,尺寸误差可相应大些。零件上的重要尺寸,一般占零件所注尺寸的 10%～15% 左右。

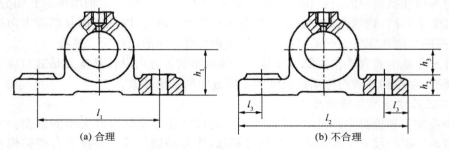

图 9-29 重要尺寸直接注出

2. 避免出现封闭尺寸链

如图 9-30(a)所示,阶梯轴所注尺寸的尺寸线首尾相接,绕成一整圈的一组尺寸,就形成了所谓的**封闭尺寸链**,这种情况应该避免,因为尺寸 l_4 是尺寸 l_1、l_2、l_3 之和。而尺寸 l_4

有一定精度要求的,但在加工时,尺寸 l_1、l_2、l_3 都可能产生误差,这些误差会积累到 l_4 上。所以在几个尺寸构成的尺寸链中,应选一个不重要的尺寸空出不注(如 l_1),以便使所有的尺寸误差都累积到这一段,保证重要尺寸的精度要求,如图 9 – 30(b)所示。

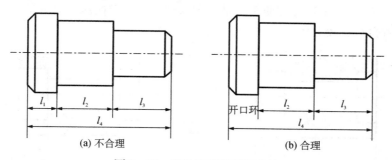

(a) 不合理　　　　　　　　　　(b) 合理

图 9 – 30　避免出现封闭尺寸链

3. 标注尺寸要便于加工和测量

(1)标注的尺寸要符合加工顺序的要求　设备操作人员在生产零件时要照图加工,又零件加工是有一定的先后顺序的,因此零件图所标尺寸要考虑这种因素。图 9 – 31 所示的销轴,其轴向尺寸的标注符合图 9 – 32 所示的车间加工顺序。

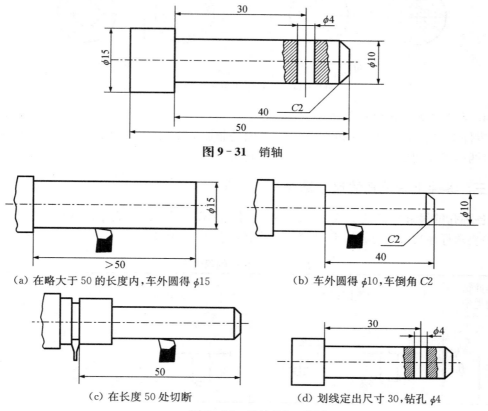

图 9 – 31　销轴

(a) 在略大于 50 的长度内,车外圆得 $\phi15$　　　　(b) 车外圆得 $\phi10$,车倒角 $C2$

(c) 在长度 50 处切断　　　　(d) 划线定出尺寸 30,钻孔 $\phi4$

图 9 – 32　销轴的加工顺序

（2）尺寸标注要考虑测量方便　生产中操作人员要随时检验加工零件的大小,生产后的零件是否达到设计图样的尺寸要求,企业检验人员须检测验收,故标注尺寸要考虑测量的方便。如图 9-33 所示,图(a)的尺寸标注不合理,因为 l_1 不便于测量;图(b)的尺寸标注合理,因为尺寸 l_2 和 l_3 两个尺寸都便于测量。图 9-34 所示键槽深度尺寸的各种标注方案的合理性,请读者自行比较分析。

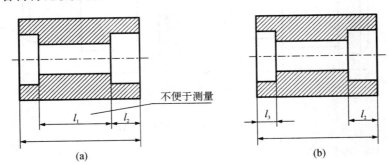

(a)　　　　　　　　　　　　　　　　　(b)

图 9-33　尺寸标注应便于测量(一)

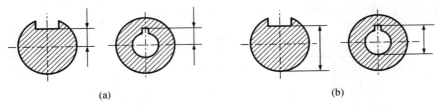

(a)　　　　　　　　　　　　　(b)

图 9-34　尺寸标注应便于测量(二)

4. 毛面与加工面的尺寸标注

零件上的表面有加工面和非加工面,毛面是非加工面,毛面与加工面要分别标注两组尺寸,这两组尺寸间要有一个尺寸把它们联系起来。

三、零件上常见孔的尺寸标注

各种孔的尺寸标注法见表 9-1,国家标准《技术制图　简化表示法》(GB/T16675.2—1996)要求标注尺寸时,应使用符号和缩写词(见表 9-1 中说明)。

表 9-1　各种孔的简化注法

零件结构类型		简化注法	一般注法	说明
光孔	一般孔	$4\times\phi5\overline{}10$　　$4\times\phi5\overline{}10$	$4\times\phi5$	$\overline{}$ 深度符号 $4\times\phi5$ 表示直径为 5 mm 均布的四光孔,孔深可与孔径连注,也可分注出

续表

零件结构类型		简化注法	一般注法	说明
光孔	精加工孔	$4\times\phi5^{+0.012}_{0}$▼10 孔▼12　　$4\times\phi5^{+0.012}_{0}$▼10 孔▼12	$4\times\phi5^{+0.012}_{0}$	光孔深为 12 mm,钻孔后需精加至 $\phi5^{+0.012}_{0}$ mm,深度为 10 mm
	锥孔	锥销孔$\phi5$ 配作　　锥销孔$\phi5$ 配作	锥销孔$\phi5$ 配作	$\phi5$ mm 为与锥销孔相配的圆锥销小头直径(公称直径)。锥销孔通常是两零件装在一起后加工的
沉孔	锥形沉孔	$4\times\phi7$ $\phi13\times90°$　　$4\times\phi7$ $\phi13\times90°$	90° $\phi13$ $4\times\phi7$	∨ 埋头孔符号 $4\times\phi7$ 表示直径为 7 mm 均匀分布的 4 个孔。锥形沉孔可以旁注,也可直接注出
	柱形沉孔	$4\times\phi7$ ⊔$\phi13$▼3　　$4\times\phi7$ ⊔$\phi13$▼3	$\phi13$ 3 $4\times\phi7$	⊔ 沉孔及锪平孔符号 柱形沉孔的直径为 $\phi13$ mm,深度为 3 mm,均需标注
	锪平沉孔	$4\times\phi7$ ⊔$\phi13$　　$4\times\phi7$ ⊔$\phi13$	$\phi13$ 锪平 $4\times\phi7$	锪平面 $\phi13$ mm 的深度不必标注,一般锪平到不出现毛面为止
螺孔	通孔	$2\times M8-6H$　　$2\times M8-6H$	$2\times M8-6H$	$2\times M8$ 表示公称直径为 8 mm 的两螺孔,可以旁注,也可直接注出
	不通孔	$2\times M8-6H$▼10 孔▼12　　$2\times M8-6H$▼10 孔▼12	$2\times M8-6H$ 10 12	一般应分别注出螺纹和孔的浓度尺寸

9.5   零件图的技术要求

零件图中的技术要求主要是指对生产的零件几何精度方面的要求,如表面结构、尺寸公差、形状和位置公差等。从广义上讲,技术要求还包括理化性能方面的要求,如对零件所用材料和材料的热处理及表面处理等。技术要求通常是用符号、代号或标记标注在图形上,或者用简明的文字注写在标题栏附近。对零件提出的技术要求要切合实际,过高或过低的要求都是不恰当的。

一、表面结构的图样表示法

表面结构是表面粗糙度、表面波纹度、表面缺陷、表面纹理和表面几何形状的总称。表面结构的各项要求在图样上的表示法在 GB/T131—2006 中均有具体规定,本书主要介绍常用的表面粗糙度表示法。

1. 表面粗糙度的概念

零件加工表面具有的较小间距的峰谷所组成的微观几何形状特性,称为**表面粗糙度**。零件的表面都有一定的粗糙度,与理想表面状态总会有差距,只要将其表面的微观不平度控制在一定的范围,就能满足设备的使用要求。如图 9 - 35 所示,看似光滑平整的机加工表面,但在显微镜下可看到许多微小的凸峰和凹谷。零件表面粗糙情形与工件材料、加工方法、刀具、设备、环境条件等因素均有密切关系。表面粗糙度是评定零件表面质量的一项重要技术指标,对于零件的配合、耐磨性、抗蚀性及密封性都有显著影响。一般来说,凡是零件上有配合要求或有相对运动的表面,表面粗糙度值要小。表面粗糙度值越小,表面质量要求越高,但加工成本也越高。因此,在满足使用要求的前提下,应尽量选用较大的表面粗糙度值,以降低生产成本。

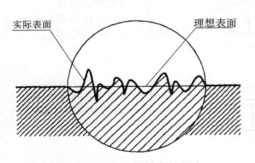

图 9 - 35   表面粗糙度的概念

2. 评定表面结构常用的轮廓参数

零件表面结构的状况,可由 3 个参数组加以评定:轮廓参数、图形参数、支承率曲线参数。其中,轮廓参数是我国机械图样中目前最常用的评定参数。轮廓算术平均偏差 Ra 和轮廓的最大高度 Rz,如图 9 - 36 所示。

本书仅介绍轮廓参数中评定粗糙度轮廓(R 轮廓)的两个高度参数 Ra 和 Rz。

(1) 算术平均偏差 Ra 指在一个取样长度内,纵坐标 $z(x)$ 绝对值的算术平均值。

(2) 轮廓的最大高度 Rz 指在同一取样长度内,最大轮廓峰高与最大轮廓谷深之和的高度。

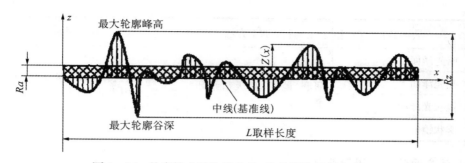

图 9-36 轮廓算术平均偏差 Ra 和轮廓的最大高度 Rz

Ra 按下列公式算出,即

$$Ra = \frac{1}{l} \int_0^l |z(x)| \, dx,$$

近似值为

$$Ra = \frac{1}{n} \sum_{i=1}^{n} |z_i|。$$

轮廓算术平均偏差 Ra 值见表 9-2,Ra 数值与应用举例见表 9-3 所示。

表 9-2 轮廓算术平均偏差 Ra 值　　　　　　　　　　　　　　（单位:μm）

0.012	0.025	0.05	0.1	0.2	0.4	0.8
1.6	3.2	6.3	12.5	25	50	100

表 9-3 Ra 数值与应用举例

Ra	表面特征	主要加工方法	应用举例
100 50	明显可见刀痕	粗车、粗铣、粗刨、钻、粗纹锉刀和粗砂轮	粗糙度最低的加工面,一般很少使用
25	可见刀痕		
12.5	微见刀痕	粗车、刨、立铣、平铣、钻	不接触表面、不重要的接触面,如螺钉孔、倒角、机座底面等
6.3	可见加工痕迹	精车、精铣、精刨、铰、镗、粗磨	没有相对运动的零件接触面,如箱、盖、套筒要求紧贴的表面、键和键槽工作表面;相对运动速度不高的接触面,如支架孔、衬套、带轮轴孔的工作表面等
3.2	微见加工痕迹		
1.6	看不见加工痕迹		
0.8	可辨加工痕迹方向	精车、精铰、精拉、精镗、精磨	要求很好密合的接触面,如与滚动轴承配合的表面、锥销孔等;相对运动速度较高的接触面,如滑动轴承的配合表面、齿轮轮齿的工作表面等
0.4	微辨加工痕迹方向		
0.2	不可辨加工痕迹方向		

续表

Ra	表面特征	主要加工方法	应用举例
0.1	暗光泽面	研磨、抛光、超级精细研磨	精密量具的表面、极重要零件的摩擦面,如汽缸的内表面、精密机床的主轴颈、镗床的主轴颈等
0.05	亮光泽面		
0.025	镜状光泽面		
0.012	雾状镜面		

3. 标注表面结构的图形符号

标注表面结构要素要求时的图形符号及尺寸,见表 9 - 4 和表 9 - 5。

表 9 - 4　标注表面结构要求时的图形符号

符号名称	符号	含　义
基本图形符号		未指定工艺方法的表面,仅用于简化符号的标注,没有补充说明时不能单独使用
扩展图形符号		去除材料的方法获得的表面,仅当其含义是"被加工表面"时可单独使用
		不去除材料的表面,也可用于表示保持上道工序形成的表面,不管这种状况是通过去除材料或不去除材料形成的
完整图形符号		当要求标注表面结构特征的补充信息时,在上述 3 个符号的长边上可加一横线,用于标注有关参数说明
工件轮廓各表面的图形符号		在上述 3 个符号的长边上可加一小圆圈,表示对投影视图上封闭的轮廓线所表示的各表面有相同的表面结构要求

表 9 - 5　表面结构图形符号的尺寸　　　　　（单位:mm）

数字与大写字母（或小写字母）的高度 h	2.5	3.5	5	7	10	14	20
符号的宽度 d'、数字与字母的笔画宽度 d	0.25	0.35	0.5	0.7	1	1.4	2
高度 H_1	3.5	5	7	10	14	20	28
高度 H_2	7.5	10.5	15	21	30	42	60

4. 表面结构要求在图形符号中的注写位置

为了明确表面结构要求,除了标注表面结构参数和数值外,必要时应标注补充要求,包括传输带(是指滤波方式参数)、取样长度、加工工艺、表面纹理及方向、加工余量等。这些要求在图形符号中的注写位置,如图9-37所示。

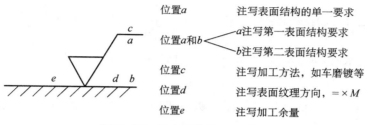

位置a	注写表面结构的单一要求
位置a和b	a注写第一表面结构要求
	b注写第二表面结构要求
位置c	注写加工方法,如车磨镀等
位置d	注写表面纹理方向,=×M
位置e	注写加工余量

图9-37 补充要求的注写位置

5. 表面结构要求在图样中的注法

表面结构的要求在图样中的标注就是表面结构代号在图样中的标注。具体注法如下:

(1)表面结构要求对每一表面一般只注一次,并尽可能注在相应的尺寸及其公差的同一视图上。除非另有说明,所标注的表面结构要求是对完工零件表面的要求。表面结构要求在轮廓线上标注,如图9-38所示。

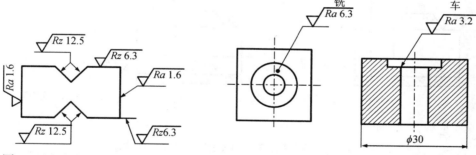

图9-38 表面结构要求在轮廓线上标注

图9-39 用指引线标注表面结构要求

(2)表面结构的注写和读取方向与尺寸的注写和读取方向一致。表面结构要求可标注在轮廓线上,其符号应从材料外指向并接触表面。必要时,表面结构也可用带箭头或黑点的指引线引出标注。用指引线标注表面结构要求,如图9-39所示。

(3)在不致引起误解时,表面结构要求可以标注在给定的尺寸线上,如图9-40所示。

(4)表面结构要求可标注在形位公差框格的上方,如图9-41所示。

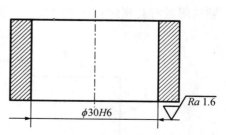

图9-40 表面结构要求标注在尺寸线上

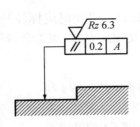

图 9-41　表面结构要求标注在形位公差框格上方

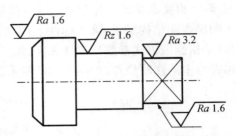

图 9-42　圆柱和棱柱的表面结构要求的注法

（5）圆柱和棱柱的表面结构只标注一次。如果每个棱柱表面有不同的表面结构要求，则应分别单独标注，如图 9-42 所示。

6. 表面结构要求在图样中的简化标注

（1）有相同表面结构要求的简化注法　如果大工件的多数（包括全部）表面有相同的表面结构要求，可统一标注在大图样的附近（不同的表面结构要求应直接标注在图样中）。此时表面结构要求的符号后应有：

① 在圆括号内给出无任何其他标注的基本符号，如图 9-43（a）所示。

② 在圆括号内给出不同的表面结构要求，如图 9-43（b）所示。

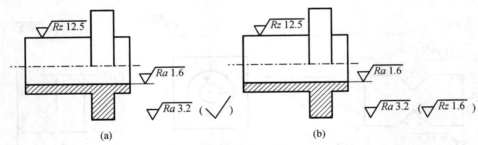

图 9-43　大多数表面有相同表面结构要求的简化注法

（2）多个表面有共同要求的注法　有以下两种。

① 用带字母的完整符号的简化注法：用带字母的完整符号以等式的形式，在图形或标题栏附近对有相同表面结构要求的表面进行简化标注，如图 9-44 所示。

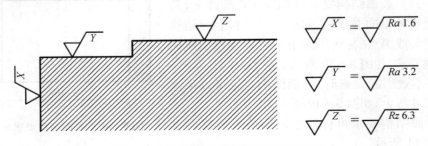

图 9-44　在图纸空间有限时的简化注法

② 只用表面结构符号的简化注法：用表面结构符号以等式的形式给出多个共同表面的表面结构要求，如图 9 - 45 所示。

（a）未指定工艺方法　　（b）要求去除材料　　（c）不允许去除材料

图 9 - 45　多个表面结构要求的简化注法

二、极限与配合

现代化大规模生产中，要求生产的零件间具有互换性。即从同一规格的一批零件中任取一件，不经修配就能装到对应的机器或部件上，并能保证使用要求。零件的互换性是机械产品批量化生产的前提。为了满足零件的互换性，必须制订和执行统一的国家标准，将其零件的尺寸误差控制在可接受的范围内，保证机器正常运转。

1. 尺寸公差

在实际生产中，零件的各种尺寸不可能加工得绝对准确，而是允许零件的实际尺寸在一个合理的小范围内变动。这个允许的尺寸变动量（或范围）就是尺寸公差，简称**公差**。

如图 9 - 46 所示，当轴装进孔时，为了满足使用过程中不同松紧程度的要求，必须对轴和孔的直径分别给出尺寸大小的限制范围。例如，孔和轴的直径 $\phi30$ 后面的 $^{+0.021}_{0}$ 和 $^{-0.007}_{-0.020}$ 就是限制范围。它们的含义是孔直径的允许变动范围为 $\phi30 \sim \phi30.021$，轴直径的允许变动范围为 $\phi29.993 \sim \phi29.98$，这个尺寸范围即为尺寸公差。允许尺寸变动的两个极限值，称为**极限尺寸**。关于尺寸公差的一些名词，以图 9 - 46 为例作简要说明。

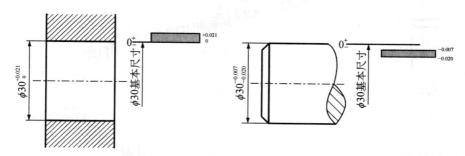

（a）孔直径尺寸公差　（b）孔直径公差带图　　（c）轴直径尺寸公差　（d）轴直径公差带图

图 9 - 46　孔与轴的尺寸公差及公差带图

（1）基本尺寸与极限尺寸　说明如下。

① 基本尺寸：设计给定的尺寸，如孔、轴的基本尺寸为 $\phi30$。

② 极限尺寸：允许尺寸变动的两个极限值，即

$$最大极限尺寸 \begin{cases} 孔\ 30 + 0.021 = 30.021, \\ 轴\ 30 + (-0.007) = 29.993; \end{cases}$$

$$最小极限尺寸 \begin{cases} 孔\ 30-0=30, \\ 轴\ 30-0.02=29.98。 \end{cases}$$

零件经过测量所得的尺寸称为实际尺寸,若实际尺寸在最大和最小极限尺寸之间,即为合格零件。

(2) 极限偏差与尺寸公差 说明如下。

① 极限偏差:极限尺寸减基本尺寸所得的代数差,有

上偏差 最大极限尺寸减基本尺寸所得的代数差,如孔 ES:+0.021 轴 es:-0.007;

下偏差 最小极限尺寸减基本尺寸所得的代数差,如孔 EI: 0 轴 es:-0.020。

② 尺寸公差:尺寸公差=最大极限尺寸-最小极限尺寸=上偏差-下偏差,如

孔的公差 30.021-30=0.021 或 +0.021-0=0.021;

轴的公差 29.993-29.98=0.013 或 -0.007-(-0.02)=0.013。

(3) 公差带 为便于分析尺寸公差和有关计算,可以基本尺寸为基准(零线),用夸大了间距的两条直线表示尺寸的上、下偏差,这两条直线所限定的区域称为**公差带**。用这种方法画出的图称为**公差带图**,如图 9-47 所示分别画出了孔和轴直径尺寸的公差带图,它表示了尺寸公差的大小和相对零线(即基本尺寸线)的位置。

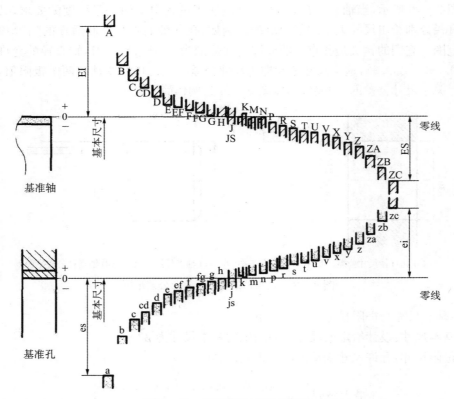

图 9-47 基本偏差系列示意图

在公差带图中,零线确定正、负偏差的基准线,零线以上为正偏差、零线以下为负偏差。在零件图上标注的尺寸公差,其上、下偏差有时都是正值,有时都是负值,有时一正一负。上、下偏差值中可以有一个值是 0,但不得两个值均为 0。公差值必定为正值,公差不应是 0 或负值。

(4) 标准公差与基本偏差　公差带由公差带大小和公差带位置两个要素确定。

公差带大小由标准公差来确定。国标中将标准公差分为 20 个等级,即 IT01、IT0、IT1、IT2、…、IT18。IT 表示标准公差,数字表示公差等级。IT01 公差值最小,精度最高;IT18 公差值最大,精度最低(标准公差的数值见附表 7)。

公差带相对零线的位置由基本偏差来确定。**基本偏差**是指靠近零线的那个偏差,它可以是上偏差,也可以是下偏差。国家标准对孔和轴分别规定了 28 种基本偏差,轴的基本偏差代号用小写字母,孔的基本偏差代号用大写字母,图 9-47 所示为轴与孔基本偏差系列。

(5) 公差带代号　孔、轴的尺寸公差可用公差带代号表示,公差带代号由基本偏差代号(字母)和标准公差等级代号(数字)组成。例如,

ϕ50H8 的含义:基本尺寸为 ϕ50,基本偏差为 H 的 8 级孔;

ϕ50f7 的含义:基本尺寸为 ϕ50,基本偏差为 f 的 7 级轴。

2. 配合

基本尺寸相同的相互结合的孔和轴公差带之间的关系,称为**配合**。根据使用要求不同,孔和轴之间的配合有松有紧。例如,轴承座、轴套和轴三者之间的配合,如图 9-48 所示,轴套与轴承座之间不允许相对运动,应选择紧的配合,而轴在轴套内要求能转动,应选择松动的配合。为此,国家标准规定配合分为 3 种:

(1) 间隙配合　孔的实际尺寸总比轴的实际尺寸大,装配在一起后,轴与孔之间存在间隙(包括最小间隙为零的情况),轴在孔中能相对运动。这时,孔的公差带在轴的公差带之上,如图 9-49 所示。

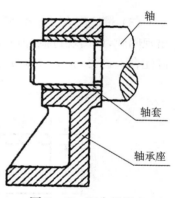

图 9-48　配合的概念

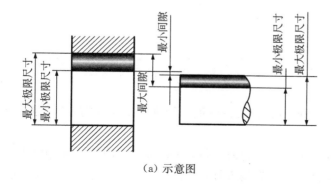

(a) 示意图

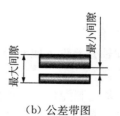

(b) 公差带图

图 9-49　间隙配合

（2）过盈配合　孔的实际尺寸总比轴的实际尺寸小,在装配时需要一定的外力才能把轴压入孔中,所以轴与孔装配在一起后不能产生相对运动。这时,孔的公差带在轴的公差带之下,如图 9 - 50 所示。

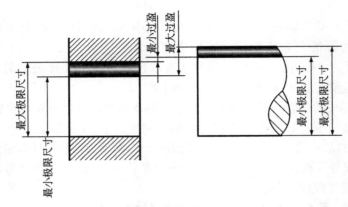

图 9 - 50　过盈配合

（3）过渡配合　轴的实际尺寸比孔的实际尺寸有时小、有时大,它们装在一起后,可能出现间隙,或出现过盈,但间隙或过盈都相对较小。这种介于间隙与过盈之间的配合,即过渡配合。这时,孔的公差带与轴的公差带将出现相互重叠部分,如图 9 - 51 所示。

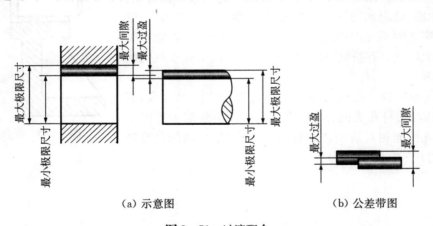

（a）示意图　　　　　　　　　　　　（b）公差带图

图 9 - 51　过渡配合

3. **配合制**

孔和轴公差带形成配合的一种制度,称为**配合制**。根据生产实际需要,国家标准规定了两种配合制。

（1）基孔制配合　基本偏差一定的孔的公差带,与不同基本偏差的轴的公差带形成各种配合的一种制度。基孔制配合的孔称为**基准孔**,其基本偏差代号为 H,下偏差为零,即它的最小极限尺寸等于基本尺寸,如图 9 - 52 所示。

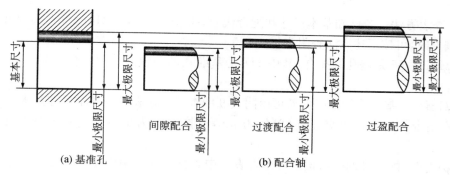

图 9 - 52　基孔制配合

（2）基轴制配合　基本偏差一定的轴的公差带,与不同基本偏差的孔的公差带形成各种配合的一种制度。基轴制配合的轴称为**基准轴**,其基本偏差代号为 h,其上偏差为零,即它的最大极限尺寸等于基本尺寸,如图 9 - 53 所示。

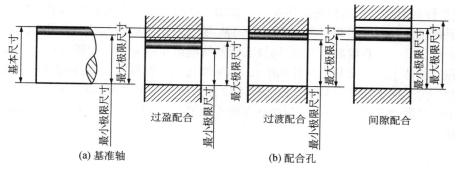

图 9 - 53　基轴制配合

4. 极限与配合的标注与查表

（1）在装配图上的标注方法　在装配图上标注配合代号时,采用组合式注法,如图 9 - 54（a）所示,在基本尺寸后面用分式表示,分子为孔的公差带代号,分母为轴的公差带代号。

（2）在零件图上的标注方法　在零件图上标注公差有 3 种形式:在基本尺寸后只注公差带代号（见图 9 - 54（b））,或只注极限偏差（见图 9 - 54（c））,或代号和偏差均注（见图 9 - 54（d））。

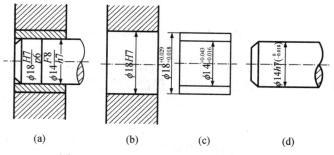

图 9 - 54　图样上极限与配合的标注方法

（3）查表方法　若已知基本尺寸和配合代号，如 $\phi18H7/p6$、$\phi14F8/h7$，需要知道孔、轴的极限偏差时，可按下述方法查附表：

① $\phi18H7/p6$ 是基孔制配合，其中 H7 是基准孔的公差带代号，p6 是配合轴的公差带代号。

② $\phi18H7$　基准孔的极限偏差可由附表 9 中查得。在表中由基本尺寸从大于 14 至 18 的行与公差带 H7 的列相交处查（单位为 μm，改按 mm 为单位），这就是基准孔的上、下偏差。

③ $\phi18p6$　配合轴的极限偏差可由附表 8 中查得。在表中由基本尺寸从大于 14 至 18 的行与公差带 p6 的列相交处查得。

三、形状与位置公差

1. 基本概念

零件加工过程中的尺寸误差，致使零件大小发生变化，也会出现形状和相对位置的误差，致使零件的形状和相对位置发生偏差。如加工轴时可能会出现轴线弯曲，这种现象属于零件的形状误差。例如图 9 - 55(a)所示的销轴，除了注出直径的尺寸公差外，还标注了圆柱轴线的形状公差——**直线度**，它表示圆柱实际轴线应限定在 $\phi0.06$ 的圆柱面内。又如图 9 - 55(b)所示，箱体上两个安装锥齿轮轴的孔，如果两孔轴线歪斜太大，势必影响一对锥齿轮的啮合传动。为了保证正常的啮合，必须标注位置公差——**垂直度**，以尽可能保证两轴线垂直。图中代号的含义是：水平孔的轴线必须位于距离 0.05，且垂直于竖直孔的轴线的两平行平面之间。

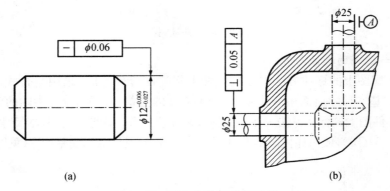

(a)　　　　　　　　　(b)

图 9 - 55　形状和位置公差示例

由上例可见，为保证零件的装配和使用要求，在图样上除给出尺寸及其公差要求外，还必须给出形状和位置公差（简称形位公差）要求。形位公差在图样上的注法应按照 GB/T1182 的规定。

2. 形位公差的代号

形位公差的代号包括形位公差特征项目符号、形位公差框格及指引线、基准符号、形位公差数值和其他有关符号等。形位公差符号的画法如图9-56所示。

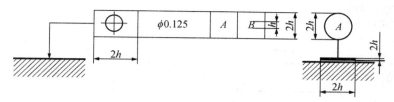

图9-56 形位公差符号的画法

3. 形位公差的标注与识读

形位公差在图样中以框格形式标注,表9-6列举了常见的形位公差标注示例及其识读解释。

表9-6 形位公差项目、标注与识读

分类	特征项目及符号	标注示例	识读说明
形状公差	直线度 ―		(1) 圆柱表面上任一素线的直线度公差为 $\phi0.02$ mm（左图） (2) $\phi10$ 轴线的直线度公差为 $\phi0.04$ mm（右图）
	平面度 ▱		实际平面的形状所允许的变动全量（0.05 mm）
	圆度 ○		在垂直于轴线的任一正截面上实际圆的形状所允许的变动全量（0.02 mm）
	圆柱度		实际圆柱面的形状所允许的变动全量（0.05 mm）
形状或位置公差	线轮廓度 ⌒		在零件宽度方向,任一横截面上实际线的轮廓形状（或对基准 A）所允许的变动全量（0.04 mm）（尺寸线上有方框之尺寸为理论正确尺寸）

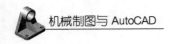
续表

分类	特征项目及符号	标注示例	识读说明
形状或位置公差	面轮廓度 ⌒		实际表面的轮廓形状（或对基准 A）所允许的变动全量（0.04 mm）
位置公差	定向 平行度 // 垂直度 ⊥ 倾斜度 ∠		实际要素对基准在方向上所允许的变动全量（// 为 0.05 mm，⊥ 为 0.05 mm，∠ 为 0.08 mm）
	定位 同轴度 ◎ 对称度 ═ 位置度 ⊕		实际要素对基准在位置上所允许的变动全量（◎ 为 0.1 mm，═ 为 0.1 mm，⊕ 为 0.3 mm）。（尺寸线上有方框之尺寸为理论正确尺寸）
	跳动 圆跳动 ↗ 全跳动 ↗↗		(1) 实际要素绕基准轴线回转一周时所允许的最大跳动量（圆跳动） (2) 实际要素绕基准轴线连续回转时所允许的最大跳动量（全跳动） 图中从上至下所注，分别为径向圆跳动、端面圆跳动及径向全跳动

例 9－2 如图 9－57 所示，解释图样（轴套）中标注的形位公差的意义（图中某些尺寸和表面粗糙度等均省略）。

(1) $\phi160$ 圆柱表面对 $\phi85$ 圆柱孔轴线 A 的径向圆跳动公差为 0.03 mm。

(2) $\phi150$ 圆柱表面对轴线 A 的径向圆跳动公差为 0.02 mm。

(3) 厚度为 20 的安装板左端面对 $\phi150$ 圆柱面轴线的垂直度公差为 0.03 mm。

(4) 安装板右端面对 $\phi160$ 圆柱面轴线 C 的垂直度公差为 0.03 mm。

(5) $\phi125$ 圆柱孔的轴线对轴线 A 的同轴度公差为 0.05 mm。

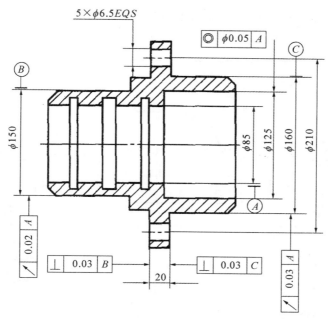

图 9 - 57 形位公差代号标注的读解

9.6 识读零件图的方法

零件图是制造和检验零件的依据,是反映零件结构、大小及技术要求的载体。读零件图的目的就是根据零件图想象零件的结构形状,了解零件的尺寸和技术要求。为了更好地读懂零件图,最好能联系零件在机器或部件中的位置、功能,以及与其他零件的关系来读图。下面通过铣刀头中的主要零件来介绍识读零件图的方法和步骤。

图 9 - 58 所示为铣刀头的装配轴测图。铣刀头是安装在铣床上的一个部件,用来安装铣刀盘(图中用细双点画线画出)。当动力通过 V 带轮带动轴转动,轴带动铣刀盘旋转,对工件进行平面铣削加工。轴通过滚动轴承安装在座体内,座体通过底板上的沉孔安装在铣床上。由此可知,轴、V 带轮和座体是铣刀头的主要零件。

图 9 - 58 铣刀头的装配轴测图

一、轴

1. 结构分析

由图 9 - 58 铣刀头装配轴测图可看出,轴的左端通过普通平键与 V 带轮联结,右端通过

双键与铣刀盘联结,轴上有两个安装端盖的轴段和两个安装滚动轴承的轴段。图 9-59 所示为轴零件图。

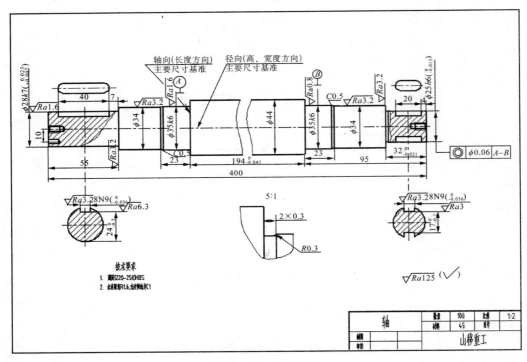

图 9-59　轴零件图

2. 表达分析

采用一个基本视图(主视图)和 5 个辅助视图表达。轴的两端用局部剖视表示键槽和螺孔、销孔。截面相同的较长轴段采用折断表示法,用两个断面图分别表示轴的单键和双键的宽度和深度。用局部视图的简化画法表达键槽的形状。用局部放大图表示砂轮越程槽的结构。

3. 尺寸分析

(1) 以水平轴线为径向(高度和宽度方向)主要尺寸基准,由此直接注出轴与安装在轴上的零件(V 带轮、滚动轴承)的轴孔有配合要求的轴段尺寸,如 $\phi28k7$、$\phi35k6$、$\phi25h6$ 等。

(2) 以中间最大直径轴段的端面(可选择其中任一端面)为轴向(长度方向)主要尺寸基准,由此注出 23、95 和 $194_{-0.046}^{0}$。再以轴的左、右端面为长度方向尺寸的辅助基准,由右端面注出 $32_{-0.021}^{0}$、4、20,由左端面注出 55,由 M 注出 7、40,尺寸 400 是主要基准与辅助基准之间的联系尺寸。

(3) 轴上与标准件联结的结构,如键槽、销孔、螺纹孔的尺寸,按标准查表获得。

(4) 轴向尺寸不能注成封闭尺寸链,选择不重要的轴段 $\phi34$ 为尺寸开口环,不注长度方向尺寸,使长度方向的加工误差都集中在这段。

4. 看懂技术要求

（1）凡注有公差带尺寸的轴段，均与其他零件有配合要求。例如注有 $\phi28k7$、$\phi35k6$、$\phi25h6$ 的轴段，表面粗糙度要求较严，Ra 上限值分别为 $1.6\ \mu m$ 或 $0.8\ \mu m$。

（2）安装铣刀头的轴段 $\phi25h6$ 尺寸线的延长线上所指的形位公差代号，其含义为 $\phi25$ 圆柱孔的轴线与轴线 A 和 B 的同轴度误差不大于 0.06。

（3）轴（45 钢）应经调质处理（$220\sim250$ HBS），以提高材料的韧性和强度。所谓调质，是指淬火后在 $450℃\sim650℃$ 进行高温回火。

二、V 带轮

1. 结构分析

V 带轮是传递旋转运动和动力的零件，从图 9-60 中可看出，V 带轮通过键与轴联结。因此，在 V 带轮的轮毂上必有轴孔和键槽，轮缘上有 3 个 A 型轮槽，轮毂与轮缘用幅板联结。

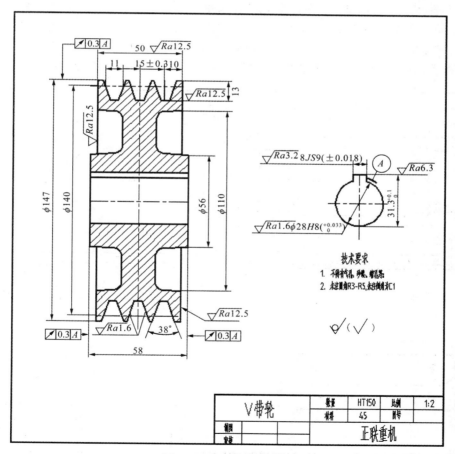

图 9-60　V 带轮零件图

2. 表达分析

V带轮按加工位置轴线水平放置,其主体结构形状是带轴孔的同轴回转体。主视图采用全剖视图,表示V带轮的轮缘(V形槽的形状和数量)、幅板和轮毂;轴孔键槽的宽度和深度用局部视图表示。

3. 尺寸和技术要求分析

(1)以轴孔的轴线为径向基准,直接注出 $\phi 140$(基准圆直径)和 $\phi 28H8$(轴孔直径)。

(2)以V带轮的左、右对称面为轴向基准,直接注出50、11、10和15±0.3等。

(3)V带轮的轮槽和轴孔键槽为标准结构要素,必须按标准查表,标注标准数值。

(4)外圆 $\phi 147$ 表面及轮缘两端面对于孔 $\phi 28$ 轴线的圆跳动公差为0.3。

三、座体

1. 座体结构分析

座体在铣刀头部件中起支承轴、V带轮和铣刀盘的功用。座体的结构形状(对照图9-58)可分为两部分:上部为圆筒状,两端的轴孔支承轴承,其轴孔直径与轴承外径一致,两侧外端面制有与端盖联结的螺纹孔,中间部分孔的直径大于两端孔的直径(直接铸造不加工);下部是带圆角的方形底板,有4个安装孔,将铣刀头安装在铣床上,为了安装平稳和减少加工面,底板下面的中间部分做成通槽。座体的上、下两部分用支承板和肋板联结,图9-61

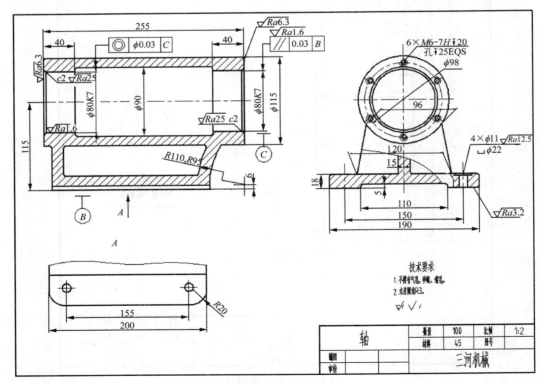

图9-61 座体零件图

所示是座体零件图。

2. 表达分析

座体的主视图按工作位置放置,采用全剖视图,表达座体的形体特征和空腔的内部结构。左视图采用局部剖视图,表示底板和肋板的厚度,底板上沉孔和通槽的形状,在圆柱孔端面上表示了螺纹孔的位置。由于座体前、后对称,俯视图可画出其对称的一半或局部。本例采用 A 向局部视图,表示底板的圆角和安装孔的位置。

3. 尺寸分析

(1) 选择座体底面为高度方向主要尺寸基准,圆柱的任一端面为长度方向主要尺寸基准,前后对称面为宽度方向主要尺寸基准。

(2) 直接注出按设计要求的结构尺寸和有配合要求的尺寸。例如,主视图中的 115 是确定圆柱轴线的定位尺寸,ϕ80K7 是与轴承配合的尺寸,40 是两端轴孔长度方向的定位尺寸。左视图和 A 向局部视图中的 150 和 155 是 4 个安装孔的定位尺寸。

(3) 考虑工艺要求,注出工艺结构尺寸,如倒角、圆角等。左视图上螺孔和沉孔尺寸的标注形式,可参阅表 9 - 1。

其余尺寸以及有关技术要求,请读者自行分析。

第 10 章

装配图画法与识读

表示机器或部件的图样,称为**装配图**;表示一台机器的装配图样,称为**总装配图**;表示机器中某个部件的装配图,称为**部件装配图**。通常,总装配图只是表示各部件间的相对位置和机器的整体情况,而是把整台机器按各部件分别画出装配图。装配图主要用于机器或部件的设计、装配、检验、调试、安装、使用和维修等方面,是重要的技术文件。本章教学重点是装配图的识读,教学难点是装配图的画法,教师可根据教学对象的专业要求及课时选择教学内容。

10.1 装配图概述

一、装配图的表达对象

装配图表达的对象可以是一台完整机器,如图 10-1 所示,也可是机器上的某个部件,如图 10-2 所示,或者是机器上某个部分。由于机器或部件都是由多个零件组成的,在后续的学习中,为叙述的方便,常将机器、部件统称为**装配体**。

图 10-1   汽车

图 10-2   发动机

二、装配图的作用

装配图是机器设计中设计意图的反映,是机器设计、制造的重要技术依据。在机器或部件的设计、制造及装配时,都需要装配图。用装配图表示机器或部件的工作原理、零件之间的装配关系和各零件的主要结构形状,以及装配、检验、安装时所需的尺寸和技术要求。

(1) 在新设计或测绘机器时,要画出装配图表示该机器的构造和装配关系,并确定各零件的结构形状和协调各零件的尺寸等,是绘制零件图的依据。

(2) 在生产中装配机器时,要依据装配图制订装配工艺规程,装配图是机器装配、检验、调试和安装工作中的依据。

(3) 在使用和维修中,装配图是了解机器或部件工作原理、结构性能,从而决定操作、保养、拆装和维修方法的依据。

在进行技术交流、引进先进技术或更新改造原有设备时,装配图同样是不可缺少的资料。

三、装配图的内容

图 10-3 所示是机用虎钳的装配图,是由 11 种零件组成的部件。从图上可知,装配图应包括以下 4 方面内容。

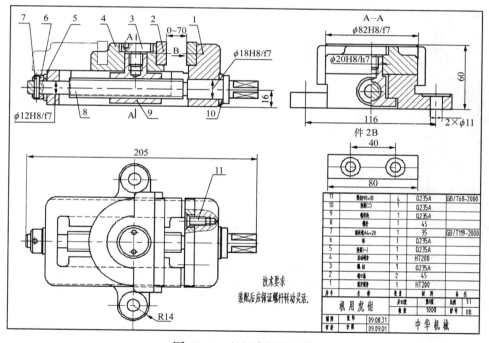

图 10-3 机用虎钳装配图

1. 一组图形

用一组视图,正确、完整、清晰和简便地表达机器或部件的工作原理、零件间的装配关系(回答零件在机器中的相对位置,与相邻零件的表面是接触或非接触的,是配合或非配合关系,零件之间的联结方式,零件的装拆顺序等问题)及零件的主要结构形状。在图 10-3 中,采用了表达机用虎钳的主视图(全剖)、左视图(半剖)、俯视图(局剖)和局部视图(反映钳中

板形状),可以满足对机用虎钳的表达要求。

2．必要的尺寸

在装配图中,只注出反映机器或部件的性能、规格、外形,以及装配、检验、安装时所必需的一些尺寸,如图 10-3 中标注的 11 个必要的尺寸。

3．技术要求

用文字或符号准确、简明地表示机器或部件的性能、装配、检验、调整要求、验收条件、试验和使用、维护规则等,确保产品的性能达到正常使用要求。在图 10-3 中除 4 处注明配合要求外,还用文字说明了机用虎钳的装配要求。

4．标题栏、序号和明细表

用标题栏注明机器或部件的名称、规格、比例、图号,以及设计单位名称,设计、制图者签名等。标题栏的标准格式在国家标准中有详细规定,国标规定的装配图标题栏如图 10-4 所示。装配图中,应对装配体的各种不同的零件或组件进行顺序编号,并在标题栏的上方编制明细表依次注写出各零件的序号、代号、名称及规格、数量、备注等内容,如图 10-5 所示。

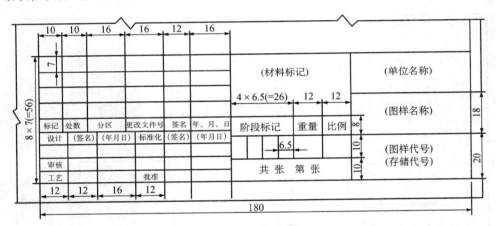

图 10-4　国标规定的标题栏格式

图 10-5　标题栏及明细表

10.2　装配体的各种表达方法

机器或部件的表达与零件的表达,其共同点都是要反映它们的内、外结构形状。因此,机件的各种表达方法和选用原则,不仅适用于零件,也完全适用于机器或部件。但是,零件图所表达的是单个零件,而装配图所表达的则是由一定数量的零件所组成的机器或部件。两种图的要求不同,所表达的侧重点也就不同。装配图是以表达机器或部件的工作原理和主要装配关系为中心,把机器或部件的内部构造、外部形状和零件的主要结构形状表达清楚,不要求把每个零件的形状完全表达清楚。机器或部件的表达方法除了可采用机件的各种表达方法外,为了更清楚地反映零件之间的装配关系和联结方式,方便装配图识读,国家标准又提出画装配图的补充规定,即装配图的规定画法和特殊画法。

一、装配体的基本表达方法

机件的各种表达方法和选用原则,不仅适用于零件,也完全适用于机器或部件或组件。

二、装配图的规定画法

1. 装配图中标准件和实心零件的画法

在绘制装配图时,基于清楚反映机器或部件中各零件间的装配关系与形状结构的需要,往往要采用剖视图的表达方法。为了在装配图中能较清楚区分各零件的轮廓及反映零件间装配关系,对于标准件(如螺栓、螺母、垫圈、销等)、实心轴、连杆、拉杆、手柄、圆球等实心零件,如果剖切面沿其纵向剖切且通过这些零件的轴线(或对称平面),这些零件仍按不剖绘制。但如果这些零件被剖切面横向剖切,仍需按剖视图形式画出。如图10 - 6、图10 - 7所示,圈中为指引线所指部分画法。

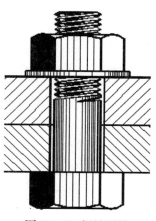

图 10 - 6　螺栓联结

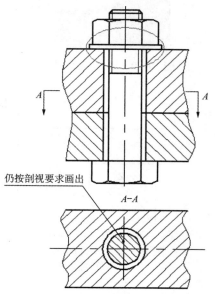

图 10 - 7　螺栓联结规定画法

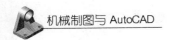
如需要特别表明这些零件上的局部细小结构,如键槽、销孔、中心孔等,可在其上再采用局部剖视表达。如图 10－8 所示,圈中键与轴联结部分画法。

2. 装配图中相邻零件的轮廓线画法

装配图反映的是装配体,必然涉及相邻零件间的相互关系。如果两个零件的相应表面是接触面或配合面,则两个零件之间只画一条共有的轮廓线;不接触或不配合的表面,无论间隔多小,也需画出两条各自的轮廓线。当零件之间距很小,不能正常画出两条轮廓线时,允许按夸大间距画出。图 10－9 和图 10－10 所示是两零件存在接触面与非接触面及配合与非配合面的情形。图 10－11 所示中是关于两零件接触面与非接触面的规定画法,图 10－12 所示是配合与非配合表面的规定画法

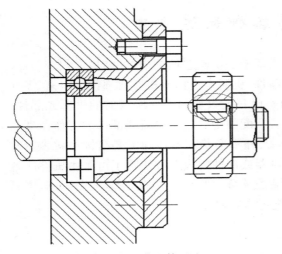

图 10－8 装配体画法

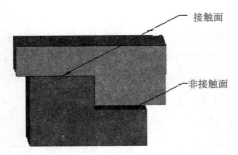

图 10－9 零件间存在接触与非接触面

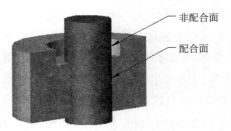

图 10－10 轴孔间存在配合与非配合面

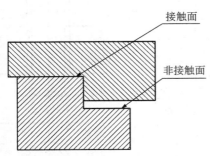

图 10－11 零件间接触面与非接触面
的规定画法

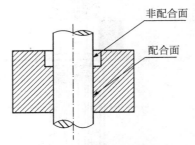

图 10－12 配合与非配合表面的
规定画法

3. 装配图中相邻零件的剖面线的画法

装配图中,如相邻金属零件均剖出,则均需画剖面线。应注意,各零件的剖面线应有所区别,或剖面线方向相反,或剖面线方向相同但间隔应不同,以区别不同零件的轮廓。应特别注意,装配图中同一零件如在多个视图上剖出,其剖面线倾斜方向与间隔都要一致,如图 10 - 13 所示。

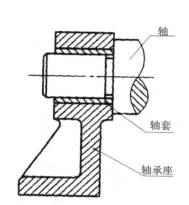

图 10 - 13　相邻零件剖面线的画法

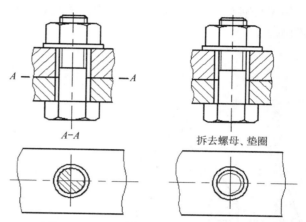

图 10 - 14　拆卸画法与沿结合面剖切画法

三、装配图的特殊画法

1. 拆卸画法

在画装配图时,若装配体中某些零件在其他视图上已表达清楚,而在另一视图上又遮住了需要表达的其他部分结构时,可采用拆除某些零件后画出。要注意的是,在对应的视图正上方用文字写上"拆去零件 X、Y、Z"。数字 X、Y、Z 等是按零件的序号写出,表示相应零件,如图 10 - 14 所示。

2. 沿结合面剖切画法

在装配图中,为了表达某些内部结构,让剖切面(可以是单一剖切面,也可以是组合剖切面)从两相邻零件间的接触面之间剖切,画出的装配体的剖视图相当于拆去了部分零件画出的。注意结合面上不画剖面符号,被剖切的螺栓等实心件,因横向被剖应画剖面符号,如图 10 - 14 所示。

3. 单独画出某零件的某视图画法

在装配图中,为了表达某零件的形状,可另外单独画出该零件的某一视图,并加标注。如图 10 - 15 所示为机用虎钳中零件钳口板的 B 向视图,需在该视图的正上方标注"件 2　B"或"钳口板 B"。

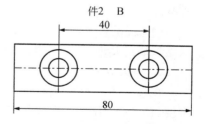

图 10 - 15　机用虎钳装配图中单独画出钳口板 B 向视图

4. 假想画法

(1) 在装配图中,某些作相对运动的零件,其运动的范围和极限位置需要表达时,一个极限位置用粗实线画出其轮廓线,另一极限位置用细双点画线画出其轮廓线,如图10－16中转动杆的画法。

(2) 如果装配图中需要反映装配体与另外一物体(不是装配体上的)之间的相关关系,另一物体的轮廓可用细双点画线画出其轮廓线,不画出的部分用断裂边界线断开,如图10－16下部画法。

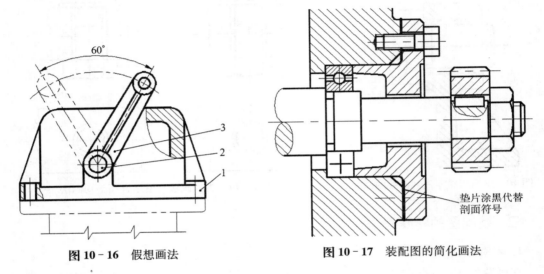

图 10－16 假想画法　　　　　　**图 10－17** 装配图的简化画法

垫片涂黑代替剖面符号

5. 简化画法

(1) 装配图中相同规格的多处零件组,如螺栓联结等,可详细画出一处,其余用细点画线表示其中心位置即可,如图10－17所示。

(2) 对于零件上的一些工艺结构,如倒角、圆角、退刀槽等允许在装配图中不画出,螺栓、螺母的倒角和因倒角而产生的曲线允许省略。

(3) 在装配图中,滚动轴承可采用通用、特征和规定画法,但同一图样中只允许采用一种画法。

(4) 在剖视或断面图中,若零件的厚度在 2 mm 以下时,允许用涂黑代替剖面符号。如果是玻璃或其他材料不宜涂黑时,可不画剖面符号。

6. 夸大画法

在按一定比例绘制装配体的装配图时,当一些很薄的零件、细丝弹簧或较小的斜度和锥度、微小的间隙等,无法按实际尺寸画出或者虽能如实画出但不明显时,可将其夸大画出,即允许将该部分不按原绘图比例而适当加大,以使图形清晰,如图10－17中薄垫片的画法。

10.3　装配图的表达方案

在设计新机器时,需要绘制装配图;在机器或部件的装配图缺失时,同样需要绘制装配图。要正确、完整、清晰和简便地画出装配图,各视图的恰当选择是一个非常重要的环节。首先须明确视图表达的重点是,清晰地反映机器或部件的工作原理、装配关系及各零件的主要结构形状,而不侧重表达每个零件的全部结构形状。因此,画装配图选择表达方案时,应在满足上述表达重点的前提下,力求绘图简便、看图方便。特别要注意,装配图也按正投影原理绘制,装配体中各零件应依据零件的尺寸按比例画出。装配图视图选择的步骤和原则如下。

一、分析表达对象,明确表达内容

一般从实物和有关资料了解机器或部件的功用、性能和工作原理,仔细分析各零件的结构特点以及装配关系,从而明确所要表达的具体内容。图 10 - 18 所示是阀的装配图,表达对象是某类型的阀,是机器中的一个部件,它的作用主要是控制管路中流体的通断及流量的大小。其工作有何特点,是基于何工作原理运行的,等等,这些问题都需要事先弄清楚,并仔细分析阀上各零件的结构特点以及装配联结关系,明确需要表达的具体内容是阀的工作原

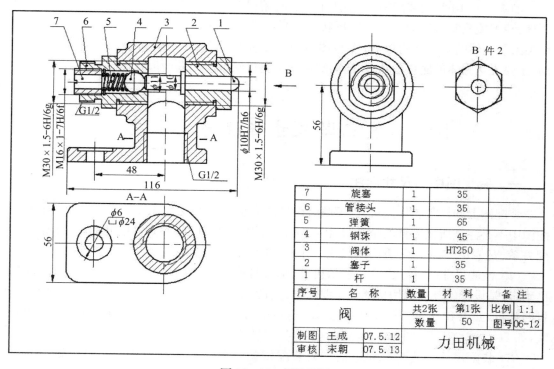

7	旋塞	1	35		
6	管接头	1	35		
5	弹簧	1	65		
4	钢珠	1	45		
3	阀体	1	HT250		
2	塞子	1	35		
1	杆	1	35		
序号	名　称	数量	材　料		备　注
	阀	共2张	第1张	比例	1:1
		数量	50	图号	06-12
制图	王成　07.5.12		力田机械		
审核	末朝　07.5.13				

图 10 - 18　阀装配图

理、零件间装配关系、零件的主要结构形状以及相关的尺寸与技术要求。

二、主视图的选择

(1) 安放位置　画主视图时,应将机器或部件按工作位置放置,即符合工作位置原则。在图 10-18 阀装配图中,主视图就是基于工作位置原则而画出的。

(2) 投影方向　通常,选择最能反映机器或部件的工作原理、传动系统、零件间主要装配关系和主要结构特征的方向,作为主视图的投影方向。但由于机器的种类、结构特点不同,并不是都用主视图来表达上述要求。如图 10-18 中的主视图的投影方向,就是基于清楚反映阀工作原理、传动系统、零件间装配关系和主要结构形状特征而选择的投影方向。

三、其他视图的选择

主视图选定后,还要选择适当的视图来补充表达机器或部件的工作原理、装配关系和零件的主要结构形状。为此应考虑以下要求:

(1) 视图数量要依机器或部件的复杂程度而定,在满足表达重点的前提下,力求视图数量少些,以使表达简练。

(2) 应优先选用基本视图,并取适当剖视补充表达有关内容。

(3) 要充分利用机器或部件的各种表达方法,每个视图都要有明确目的和表达重点,应避免对同一内容的重复表达。

如图 10-18 阀的装配图中,采用了主、左、俯视图和局部零件的右视图来表达阀的工作原理、装配关系和零件的主要结构形状。主视图采用全剖,主要反映阀工作原理、主要的装配关系及阀体的主要结构形状;左视图主要反映阀体、管接头、旋塞的形状;俯视图采用全剖,主要表达阀体的底板形状;B 向局部视图主要反映塞子的端面形状。

10.4　装配图尺寸标注与技术要求

一、装配图中的尺寸标注

装配图上同样需要标注尺寸,反映装配体的大小。但因表达对象及反映侧重点不同,装配图中不必注全所属零件的全部尺寸,只需注出用以说明机器或部件的性能、工作原理、装配关系、安装要求、外形等方面的尺寸。一般只标注以下几类尺寸。

(1) 性能尺寸(规格尺寸)　表示机器、部件规格或性能的尺寸。这类尺寸在设计时就已确定,是设计、了解、选用机器的主要依据。日常生活中,反映汽车动力大小的尺寸是发动机的排量,如 1.8 升和 2.0 升排量;又如,自行车的大小往往是用其钢圈的直径(英寸数)反映,如 26 型或 28 型。图 10-19 中的规格尺寸是钳口板的宽度 80 mm。

(2) 装配尺寸　装配尺寸包括作为装配依据的配合尺寸和重要的相对位置尺寸,如

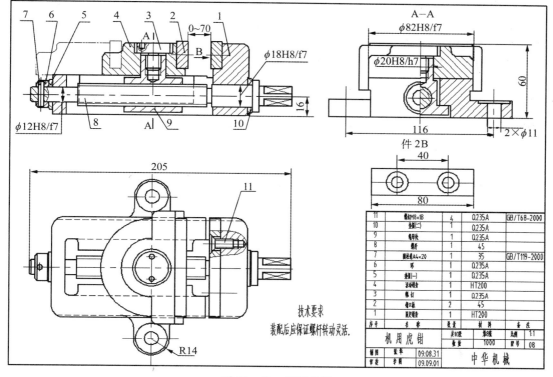

图 10－19　机用虎钳

图 10－19 中的 $\phi82H8/f7$、$\phi20H8/h7$、16、40 等尺寸。

（3）安装尺寸　表示将机器或部件安装到地基上或与其他部件相联结时所需的尺寸，如图 10－19 中的 116、16、$2\times\phi11$ 等尺寸。

（4）外形尺寸　表示机器或部件的外形轮廓尺寸，反映所占空间大小。一般应标长、宽、高 3 个方向的总体尺寸，为机器或部件包装、运输、安装方面提供反映其空间大小的依据，如图 10－19 中的机用虎钳的长度 205 等。

（5）其他的重要尺寸　除上面的尺寸要在装配图中得到体现外，有时还要标注其他的一些重要尺寸。它们是设计过程中经过计算或选定的尺寸，但又不包括在上述几类尺寸之中的重要尺寸，如机器上的轴向设计尺寸、主要零件的结构尺寸、主要定位尺寸、运动件极限位置尺寸等，机器或部件上运动零件的极限位置尺寸、主要零件的重要结构尺寸，如图 10－19 中的 0～70 等。

上述的 5 类尺寸，在每张装配图上不一定都有，另外有时同一尺寸可能有几重含义，分属于几类尺寸。因此，装配图中究竟标注哪些尺寸，要根据具体情况分析确定。

二、装配图中的技术要求

用文字或符号在装配图中说明对机器或部件的性能、装配、检验、使用等方面的要求和条件，这些统称为装配图的技术要求。

性能要求指机器或部件的规格、参数、性能指标等；装配要求一般指装配方法和顺序，装配时加工的有关说明，装配时应保证的精确度、密封性等要求；使用要求是对机器或部件的操作、维护和保养等有关要求。此外，还有机器或部件的涂饰、包装、运输等方面的要求及对机器或部件的通用性、互换性的要求等。编制装配图技术要求要根据具体情况而定。技术要求中的文字注写要准确、简练，一般写在明细表的上方或图纸的下方空白处。图 10 - 19 中 ϕ82H8/f7、ϕ20H8/h7 的配合公差要求及装配后应保证螺杆转动灵活的要求，均为机用虎钳的技术要求。

10.5 编注零部件的序号并填写明细表

为了便于看图，方便图样管理、备料和组织生产，对装配图中每种零部件都必须编注序号，并填写明细表。

一、零、部件序号

(一) 序号的一般规定

(1) 装配图中，每种零部件都必须编注序号。同一装配图中相同的零部件只编注一个序号，且一般只标注一次。

(2) 零部件的序号应与明细表中的序号一致。

(3) 同一装配图中编注序号的形式应一致。

(二) 序号的编排方法

1. 序号的通用编注形式

如图 10 - 20 所示。

(1) 在指引线的横线（细实线）上或圆圈（细实线）内注写序号，序号的字高比该装配图中所注尺寸数字高度大一号或两号。

(2) 在指引线附近注写序号，序号的字高比该装配图中的尺寸数字大两号。

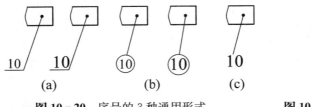

图 10 - 20 序号的 3 种通用形式   图 10 - 21 涂黑部分指引
                                              线方法

2. 序号的指引线

(1) 指引线应自所指零、部件的可见轮廓线内引出，并在末端画一小圆点。若所指部分（很薄的零件或涂黑的剖面）内不便画圆点，可在指引线的末端画出箭头，并指向该部分的轮廓。涂黑部分指引线方法如图 10 - 21 所示。

（2）指引线应尽可能排布均匀，且不宜过长，相互不能相交；应尽量不穿或少穿过其他零件的轮廓，当穿过有剖面线的区域时，不应与剖面线平行。

（3）指引线在必要时允许画成折线，但只可弯折一次，其标注方法如图 10－22 所示。同一组坚固件以及装配关系清楚的零件组，允许用公共指引线，其标注方法如图 10－23 所示。标准部件（如滚动轴承、油杯等）可看成一整体，只编一个序号，用一条指引线。

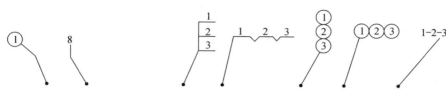

图 10－22　指引线可弯折一次　　　　图 10－23　零件组可用公共指引线

3. 序号的排列形式

（1）按顺时针或逆时针方向在整个一组图形外围顺次排列，不得跳号。

（2）在整个图上无法连续排列时，可只在某个图形周围的水平或竖直方向顺次排列，不得跳号。

（三）序号的画法

为使序号布置整齐美观，编注序号时应按一定位置画好横线或圆圈（画出横线或圆圈的范围线，取好位置后擦去范围线）；然后再找好各零、部件轮廓内的适当位置，一一对应地画出指引线和圆点。

二、明细表

装配图的明细表是机器或部件中零件的详细目录，分别注写各个零件的序号、名称、规格、材料牌号、备注等内容。它在标题栏的正上方，当标题栏上方位置不够用时，也可续接在标题栏的左方。明细表外框竖线为粗实线，其余为细实线，其下边线与标题栏上边线或图框下边线重合，长度相同。明细栏中，零部件序号应按自下而上的顺序填写，以便在增加零件时可继续向上画格。在实际生产中，较复杂的机器或部件可使用单独的明细表，装订成册，作为装配图的附件，按零件分类和一定格式填写。GB/T10609.1—1989 和 GB/T10609.2—1989 中，分别规定了标题栏和明细栏的统一格式。

10.6　机器上常见的装配结构

为了保证机器或部件能顺利装配，并达到设计规定的性能要求，而且装拆方便，必须使零件间的装配结构满足装配工艺要求。所以在设计绘制装配图时，应考虑合理的装配结构、工艺。

一、接触面或配合面

（1）接触面的数量　两零件在同一方向上（横向或竖向）只能有一对接触面，这样既能

保证相邻零件接触良好,又能降低加工要求,否则将造成加工困难,如图 10-24(a、b)所示。

(2) 轴颈和孔的配合　如图 10-24(c)所示,两个零件在同一方向上(指装配体水平和竖直方向)只能有一对配合面。

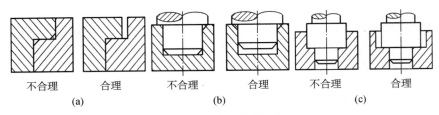

不合理　　合理　　不合理　　合理　　不合理　　合理
(a)　　　　　　　　(b)　　　　　　　(c)

图 10-24　接触面或配合面

(3) 轴肩端面与轴孔端面接触　为保证轴肩端面与轴孔端面接触良好,可在轴肩处加工退刀槽,或在孔的端面加工出倒角,如图 10-25 所示。

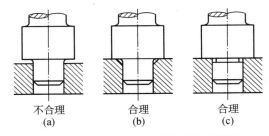

不合理　　合理　　合理
(a)　　　(b)　　　(c)

图 10-25　轴肩端面与轴孔端面接触

(4) 两零件接触　应减少加工面,保证两零件接触良好,如图 10-26、10-27 所示的凸台和凹坑结构。

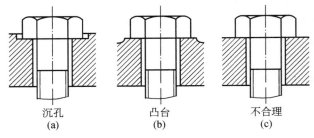

沉孔　　凸台　　不合理
(a)　　　(b)　　　(c)

图 10-26　保证良好接触的结构

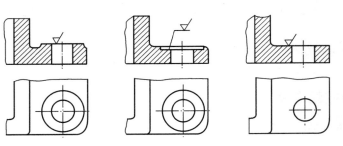

图 10-27　凸台和凹坑结构

二、密封装置或防漏结构

机器或部件上的旋转轴或滑杆的伸出处,应有密封或防漏装置,用以阻止工作介质(液体或气体)沿轴、杆泄漏,或防止外界的灰尘杂质侵入机器内部。机器能否正常运转,在很大程度上取决于密封或防漏结构的可靠性。

1. 滚动轴承的密封

常见的密封方法有毡圈式、沟槽式、皮碗式和挡片式,如图 10 - 28 所示。以上各种密封方法所用零件,如皮碗和毡圈已标准化,某些相应的局部结构,如毡圈槽、油沟等也为标准结构,其尺寸可由有关技术文件中查取,画图时应正确表示。

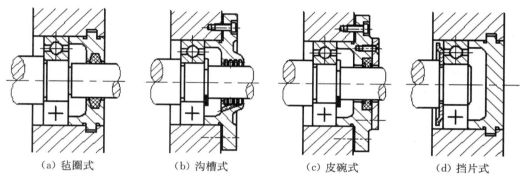

（a）毡圈式　　　（b）沟槽式　　　（c）皮碗式　　　（d）挡片式

图 10 - 28 常见密封装置

2. 防漏结构

在机器的旋转轴或滑动杆(阀杆、活塞杆等)伸出箱体(或阀体)的地方,做成填料箱(涵),填入具有特殊性质的软质填料,用压盖或螺母将填料压紧,使填料紧贴在轴(杆)上,既不阻碍轴(杆)运动,又起密封防漏作用。画图时,压盖画在表示填料刚刚加满开始压紧填料的位置,如图 10 - 29 所示。

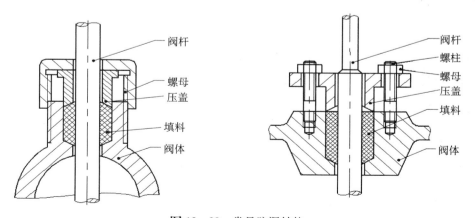

图 10 - 29 常见防漏结构

三、防松装置

机器在工作中,由于冲击和振动的作用,一些坚固件会松动。因此,在某些装置中要采用防松装置,如图 10 - 30 所示。

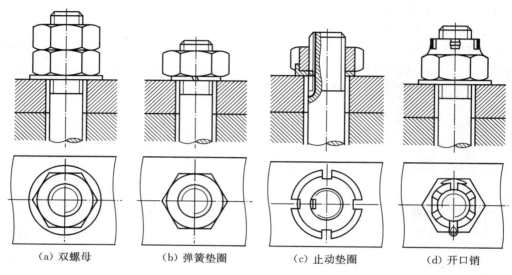

（a）双螺母   （b）弹簧垫圈   （c）止动垫圈   （d）开口销

图 10 - 30 常见防松装置

10.7 识读装配图

在机器或部件的设计、装配、检验和维修工作中,以及技术革新、技术交流过程中,都需要看装配图,工程技术人员必须具备熟练识读装配图的能力。在不同工作岗位的技术人员,读装配图的目的和内容有不同的侧重和要求。识读装配图的目的要求是:

（1）了解机器或部件的性能、功用和工作原理。

（2）了解各零件间的装配关系、拆装顺序,以及各零件的主要结构形状和作用。

（3）了解其他组成部分,了解主要尺寸、技术要求和操作方法等。

一、概括了解

看装配图时,首先从标题栏了解机器或部件的名称;由明细栏和图中序号了解机器或部件的各种零件的名称、数量、材料以及标准件的规格,估计机器或部件的复杂程度;由画图的比例、视图大小和外形尺寸,了解机器或部件的大小;由产品说明书和有关资料,联系生产实践知识,了解机器或部件的性能、功用等,从而对装配图的内容有概括的了解。

如图 10 - 31 所示,从标题栏可知该部件名称为阀;对照图上的序号和明细栏,可知它由

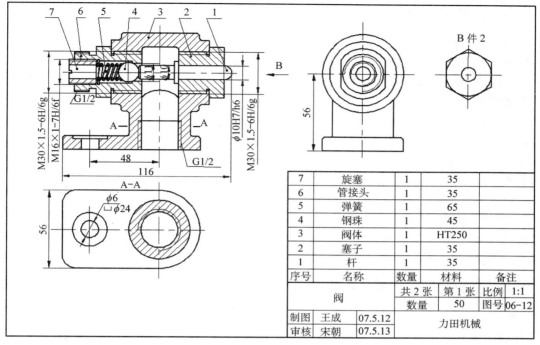

7	旋塞	1	35	
6	管接头	1	35	
5	弹簧	1	65	
4	钢珠	1	45	
3	阀体	1	HT250	
2	塞子	1	35	
1	杆	1	35	
序号	名称	数量	材料	备注

| 阀 | | 共 2 张 | 第 1 张 | 比例 | 1:1 |
| | | 数量 | 50 | 图号 | 06-12 |

| 制图 | 王成 | 07.5.12 | 力田机械 |
| 审核 | 宋朝 | 07.5.13 | |

图 10-31　阀装配图

7 种零件组成,其中件 5 弹簧为常用件,没有标准件,6 种为非标准件,零件总数有 7 个,从中也可看出各零件的大致位置。根据实践知识或查阅说明书及有关资料,大致可知它是管路上的一个控制元件,在管路上对流体流量进行调节,且只能单向导通;当外力作用于杆上且大于弹簧力时,迫使杆向左运动,杆向左运动推动钢珠向左移动,阀打开,阀内流体得以流动;当作用于杆上外力去除时,钢珠借助弹簧力向右移动而关闭阀。

二、分析视图明确表达目的

要首先找到主视图,再根据投影关系识别出其他视图的名称,找出剖视图、断面图所对应的剖切位置,识别出表达方法的名称,从而明确各视图表达的意图和重点,为下一步深入看图作准备。

阀装配图采用了主、左、俯 3 个基本视图和一个 B 向的件 2 塞子的右视图。

(1)主视图　采用了全剖视图,反映了阀的工作原理,综合反映了各零件之间的相对位置,明确了各零件的装拆顺序,表明了各零件间的装配关系和联结关系。同时,还反映了阀的技术要求和零件的主要结构形状及大小。

(2)左视图　采用基本视图,主要反映零件的主要结构形状。

(3)俯视图　采用全剖视图,主要反映阀体的主要结构形状与大小。

(4)局部视图　单独画出的塞子的右视图,反映其形状。

三、分析工作原理与装配关系

这是深入看装配图的重要阶段。首先可从反映工作原理、装配关系的视图入手,抓主要装配干线或传动路线,分析有关零件的运动情况和装配关系;然后抓其他装配干线,继续分析工作原理、装配关系、零件的联结、定位以及配合的松紧度等。此外,对运动件的润滑、密封方式等内容,也应分析了解。

(1)工作原理 从图 10-31 中的主视图能清楚看出,当杆 1 受外力作用向左移动时,外力能克服弹簧 5 的压力,钢球 4 在杆 1 的推动下也向左移动,弹簧 5 被压缩,阀门打开,阀内流体开始从阀体 3 向旋塞 7 流动。当去掉杆 1 外力时,钢珠 4 在弹簧 5 作用下将阀门关闭,阀内流体终止流动。旋塞 7 可以调节弹簧压力的大小。

(2)装配关系 从图 10-31 中的主视图可清楚知道,将钢珠 4、弹簧 5 分别放入管接头 6 内,旋塞 7 借助螺纹旋入管接头 6 内,弹簧 5 被压缩,钢珠在弹簧 5 的作用下堵住管接头 6 的入口,然后将管接头部分从阀的左侧借助螺纹旋入阀体 3 中;在阀的右侧,将杆 1 放入塞子 2 内,将杆 1 和塞子 2 借助螺纹一并旋入阀体 3 内。

四、分析零件结构形状和作用

标准件、常用件比较容易看懂。一般零件有繁有简,它们的作用和地位又各不相同。通常,先从主要零件开始分析,最好从表达该零件最明显的视图入手,联系其他视图,利用图上序号和指引线找出零件所在的位置和范围。然后利用同一零件在各剖视图中的剖面线的方向、间隔的一致性,以及图上的规定画法、表达特点、装配结构的合理性特征、配合或联结关系等,对照线条找出对应的投影关系,即可将零件的视图从装配图中分离出来,想出它的形状、分析它的作用。这样逐一分析每个零件,便可弄清每个零件的结构形状和零件间的装配关系,这是看懂装配图的重要标志。

阀上的零件共有 7 种,主要零件是阀体 3、杆 1、塞子 2 和管接头 6,最主要的零件是阀体 3。从明细栏中可看出,其制造材料是 HT250,说明阀体是铸造形成毛坯,然后再依次切削加工;从阀的装配图可看出,阀体 3 的尺寸最大,内外形状相对较复杂,属于箱体类零件。通过形体分析发现,主视图反映阀体 3 的形状特征最明显,可将阀体 3 假想分解为上、中、下 3 部分。上面部分结合左视图可知其外形,如阶梯轴由 3 个同轴的圆柱叠加而成,其内部加工有阶梯孔,左右端孔加工有 M30×1.5-6H 普通细牙螺纹,中部大孔的下方加工有一通孔,与阀体的中部相通;阀体 3 的中部形状可通过主、俯视图看出,其外形为圆柱,中间加工有一通孔与阀体上下部分相通,孔的下部加工有非密封联结的管螺纹 G1/2;阀体 3 的下部为一底板,底板上右侧加工有螺孔,与阀体中部相通,可外接管接头,在左侧加工有一阶梯安装孔,是要用螺纹联结件将阀安装在另一零件上。不难看出,作为阀的主体,阀体起承托、容纳、定位和保护的作用。其余的零件相对较简单,请读者自行分析。

五、归纳总结

分析机器或部件的工作原理、装配关系和各零件的结构形状之后,还应对所注尺寸和技术要求进行分析研究,从而了解机器或部件的设计意图和装配工艺性等,并弄清各零件的拆装顺序。经过归纳总结,加深对机器或部件的认识,完成识读装配图的全过程。

*10.8　部件的测绘

部件测绘是根据现有的部件(或机器)和零件进行测量、绘制,并整理出装配图和零件图的过程。生产实践中,仿制、维修机器设备或技术改造时,在没有现成技术资料的情况下,就需要对机器或部件解剖并测绘,以得到有关的技术资料。

一、了解分析和拆卸部件

1. 了解分析部件

对测绘对象全面了解和分析是测绘工作的第一步。应首先了解部件测绘的任务和目的,决定测绘工作的内容和要求。观察实物和查阅有关图样资料,了解部件(或机器)的性能、功用、工作原理、传动系统和运转情况,了解部件的制造、试验、修理、构造和拆卸等情况。

2. 拆卸部件

拆卸前应注意以下几点:

(1)拆卸前,应测量一些必要的尺寸数据,如某些零件间的相对位置尺寸、运动件极限位置尺寸等,作为测绘中校核图纸的参考。

(2)要周密制订拆卸顺序。划分部件的各组成部分,合理选用工具和正确的拆卸方法,按一定的顺序拆卸,严防乱敲打。

(3)对精度较高的配合部位或过盈配合,应尽量少拆或不拆,以免降低精度或损坏零件。

(4)拆下的零件要分类、分组,并编号登记所有的零件,零件实物对应拴上标签,有秩序地放置,防止碰伤、变形、生锈或丢失,以便再装配时仍能保证部件的性能和要求。

(5)拆卸时,要认真研究每个零件的作用、结构特点及零件间的装配关系,正确判别配合性质和加工要求。

二、画装配示意图

装配示意图是在拆卸过程中所画的记录图样。零件之间的真实装配关系只有在拆卸后才能显示出来,因此必须边拆卸、边画装配示意图,记录各零件间的装配关系,作为绘制装配图和重新装配的依据。

三、测绘零件画零件草图

零件草图(徒手图)是画装配图和零件图的依据。部件测绘中,画零件草图应注意以下几点:

（1）标准件只需测量其主要尺寸，查有关标准定下规定标记，填写标准件明细表即可，不必画零件草图。其余所有零件均需画出零件草图。

（2）画零件草图可从主要的或大的零件着手，按装配关系依次画出各零件草图，以便随时校核和协调零件的相关尺寸。

（3）两零件的配合尺寸量出后，要及时填写在各自零件的草图上，以免发生矛盾。

四、画装配图

1. 拟定表达方案

根据装配示意图和所有零件草图、标准件明细表，拟定部件视图的表达方案。表达方案要能反映部件的工作原理、零件间的装配关系及零件的主要结构形状。部件的表达方案确定后，即可根据装配示意图、零件草图，先画装配草图，再画装配图。

2. 画装配图的具体步骤

（1）选比例、定图幅。画图框、留出标题栏和明细表的位置及填写技术要求文字说明的地方。根据表达方案布置图形，画主要作图基准线，通常用主要轴线、中心线、对称线以及主要零件的主要轮廓线作为各视图的画图主要基准线，将各视图定位。

（2）画底稿。先画主要装配干线，逐渐向外扩展。一般先从主视图画起，按投影关系与其他几个视图联系起来画，以保证作图的准确性，提高作图速度。画每个视图应先从主要装配干线的装配定位面开始，画最明显的零件；也可从主要零件开始画，逐渐向外扩展，画出各零件的主要轮廓。

（3）画结构细节，完成图形底稿。在画出部件主要结构的基础上，继续画出其他结构和细节，完成图形底稿，并画标题栏、明细栏。

（4）画剖面线、检查、描深，标注必要的尺寸、注写字母代号，编写序号、填写技术要求、填写标题栏和明细栏，校核，完成全图。

五、画零件图

根据装配图和零件草图，整理绘制出一套零件工作图，这是部件测绘的最后工作。画零件工作图时，其视图的选择不强求与零件草图或装配图的表达方案完全一致。画装配图后，若发现零件草图中的问题，应在画零件工作图时加以改正。注意，配合尺寸或相关尺寸应协调一致，表面粗糙度等技术要求可参阅有关资料及同类或相近产品图样，结合生产条件及生产经验加以制订和标注。

六、机用虎钳（部件）测绘

1. 了解并拆卸机用虎钳

图 10-32 所示为机用虎钳，安装在铣床或钻床的工作台上。用它的平口钳夹紧被加工工件，以便加工。它由活动钳身、固定钳身、固定钳口、活动钳口、螺母、螺杆、螺钉、圆柱销等11 种零件组成，其中螺钉、圆柱销是标准件，其他是专用件，如图 10-33 所示。机用虎钳的

工作原理是:旋转螺杆使螺母块带动活动钳身做水平方向左、右移动,夹紧工件进行切削加工。在了解、分析机用虎钳的基础上,开始有序拆卸、分解虎钳,拆卸的各零件要逐一编号、合理摆放。

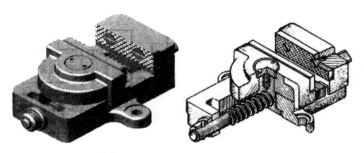

图 10 - 32 机用虎钳及其构成

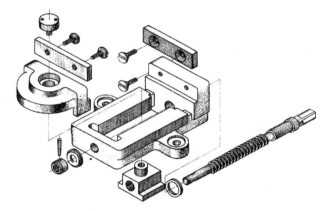

图 10 - 33 机用虎钳轴测分解图

2. 画机用虎钳的装配示意图

图 10 - 34 所示是机用虎钳的装配示意图,是在拆卸过程中所画的记录图样,必须边拆卸边画装配示意图,以记录各零件间的装配关系,作为绘制装配图和重新装配的依据。

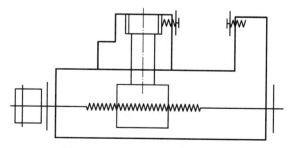

图 10 - 34 机用虎钳装配示意图

3. 测绘虎钳上的零件并画零件草图

机用虎钳拆卸后,要测量各种零件。对于专用件要画出零件草图(徒手画)作为画装配图和零件图的依据,在这里就不过多表述。机用虎钳测绘中,画零件草图应注意以下几点:

(1) 凡属标准件只需测量其主要尺寸,查有关标准定下规定标记,填写标准件明细表即可,如图 10-35 螺钉 3 和圆柱销 7,不必画零件草图,其余所有零件均需画出零件草图,如固定钳身 1、活动钳身 4、螺杆 8 等。

(2) 画零件草图可从主要的或大的零件着手,按装配关系依次画出各零件草图,以便随时校核和协调零件的相关尺寸,如固定钳身 1、活动钳身 4、螺杆 8 等。

(3) 两零件的配合尺寸量出后,要及时填写在各自零件的草图上,以免发生矛盾。

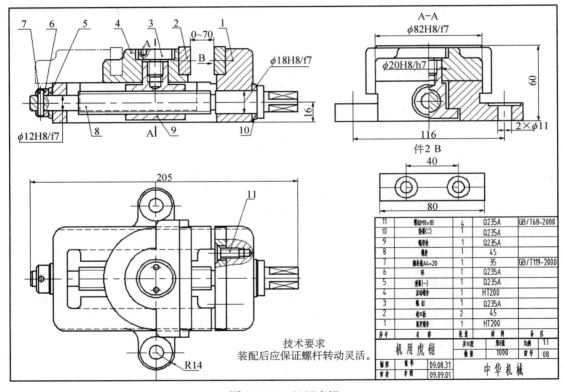

图 10-35 机用虎钳

4. 画机用虎钳的装配图

根据装配示意图和所有零件草图、标准件明细表,拟定机用虎钳的视图表达方案,表达方案要能较好地反映部件的工作原理、零件间的装配关系及零件的主要结构形状。部件的表达方案确定后,即可根据装配示意图、零件草图先画装配草图,再画装配图。画图步骤如下:

（1）选比例、定图幅 画图框、留出标题栏和明细表的位置及填写技术要求文字说明的地方；根据表达方案布置图形，画主要作图基准线，通常用主要轴线、中心线、对称线以及主要零件的主要轮廓线作为各视图的画图主要基准线，将各视图定位。如图 10 - 35 画机用虎钳装配图时，选择固定钳身 1 的底面、前后和右端面作为画图的主要基准线。

（2）画底稿 先画主要装配干线，如图 10 - 35 中的螺杆轴线，逐渐向外扩展。一般先从主视图画起，按投影关系与其他几个视图联系起来画，以保证作图的准确性，提高作图速度。画每个视图应先从主要装配干线的装配定位面开始，画最明显的零件；也可从主要零件开始画，逐渐向外扩展，画出各零件的主要轮廓。

（3）画结构细节，完成图形底稿 在画出部件主要结构的基础上，继续画出其他结构和细节，完成图形底稿，并画标题栏、明细栏。

（4）完成全图 画剖面线、检查、描深，标注必要的尺寸、注写字母代号、编写序号、填写技术要求、填写标题栏和明细栏，校核，完成全图，如图 10 - 35 所示。

5. **画虎钳上零件工作图**

根据机用虎钳的装配图和零件草图，整理绘制出一套零件工作图，这是部件测绘的最后工作。画零件工作图时，其视图的选择不强求与零件草图或装配图的表达方案完全一致。画装配图后，若发现零件草图中的问题，应在画零件工作图时加以改正。注意，配合尺寸或相关尺寸应协调一致，表面粗糙度等技术要求可参阅有关资料及同类或相近产品图样，结合生产条件及生产经验加以制订和标注。图 10 - 36 和图 10 - 37 分别为螺母和螺杆的零件图。

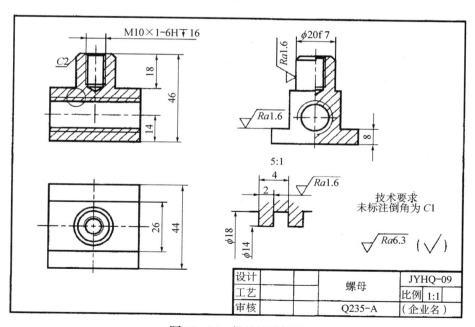

图 10 - 36 螺母的零件图

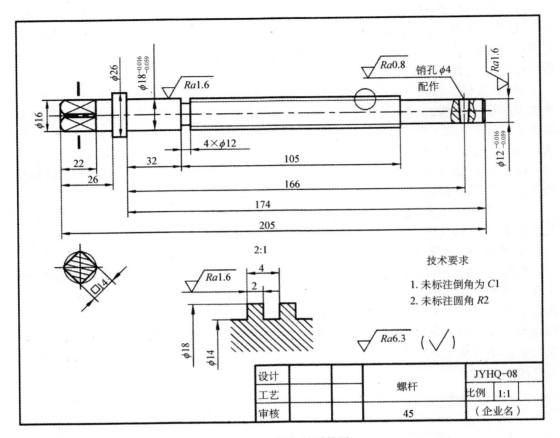

图 10-37 螺杆的零件图

附　　录

一、螺纹

表 A1　普通螺纹直径与螺距(摘自 GB/T196～197—2003)　　　　　　　(单位:mm)

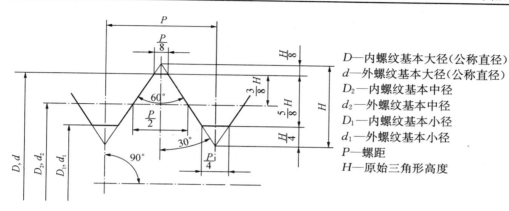

D—内螺纹基本大径(公称直径)
d—外螺纹基本大径(公称直径)
D_2—内螺纹基本中径
d_2—外螺纹基本中径
D_1—内螺纹基本小径
d_1—外螺纹基本小径
P—螺距
H—原始三角形高度

公称直径 D,d		螺距 P		粗牙中径 D_2,d_2	粗牙小径 D_1,d_1
第一系列	第二系列	粗牙	细牙		
3		0.5	0.35	2.675	2.459
	3.5	(0.6)		3.110	2.850
4		0.7	0.5	3.545	3.242
	4.5	(0.75)		4.013	3.688
5		0.8		4.480	4.134
6		1	0.75,(0.5)	5.350	4.917
8		1.25	1,0.75,(0.5)	7.188	6.647
10		1.5	1.25,1,0.75,(0.5)	9.026	8.376
12		1.75	1.5,1.25,1,(0.75),(0.5)	10.863	10.106
	14	2	1.5,(1.25),1,(0.75),(0.5)	12.701	11.835
16		2	1.5,1,(0.75),(0.5)	14.701	13.835
	18	2.5	2,15,1,(0.75),(0.5)	16.376	15.294
20		2.5		18.376	17.294
	22	2.5	2,1.5,1,(0.75),(0.5)	20.376	19.294
24		3	2,1.5,1,(0.75)	22.051	20.752

续表

公称直径 D, d		螺距 P		粗牙中径 D_2, d_2	粗牙小径 D_1, d_1
第一系列	第二系列	粗牙	细牙		
	27	3	2, 1.5, 1, (0.75)	25.051	23.752
30		3.5	(3), 2, 1.5, 1, (0.75)	27.727	26.211
	33	3.5	(3), 2, 1.5, (1), (0.75)	30.727	29.211
36		4	3, 2, 1.5, (1)	33.402	31.670
	39	4		36.402	34.670
42		4.5	(4), 3, 2, 1.5, (1)	39.077	37.129
	4.5	4.5		42.077	40.129
48		5	(4), 3, 2, 1.5, (1)	44.752	42.587
	52	5		48.752	46.587
56		5.5	4, 3, 2, 1.5, (1)	52.428	50.046
	60	(5.5)		56.428	54.046
64		6		60.103	57.505
	68	6		64.103	61.505

注:1. 公称直径优先选用第一系列,第三系列未列入。括号内的螺距尽可能不用。

　　2. M14×1.25 仅用于火花塞。

二、螺纹坚固件

表 A2　交角头螺栓(一)(摘自 GB/T5782～5785—2000)　　　　　(单位:mm)

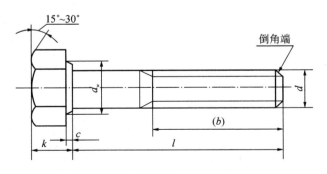
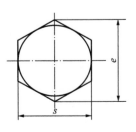

标记示例:螺栓　GB/T5782　M12×100

　　　　螺纹规格 d＝M12、公称长度 l＝100、性能等级为 8.8 级、表面氧化、杆身半螺纹、A 级的交角头螺栓。

　　　　交角头螺栓—全螺纹—A 和 B 级(摘自 GB/T5783—2000)

　　　　交角头螺栓—细牙—全螺纹—A 和 B 级(摘自 GB/T5786—2000)

续表

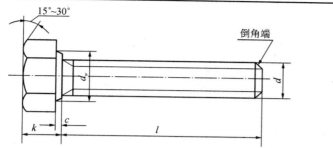

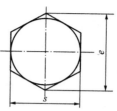

倒角端

标记示例:螺栓 GB/T5786 M30×2×80

螺纹规格 d＝M30×2、公称长度 l＝80、性能等级为 8.8 级、表面氧化、全螺纹、B 级的细牙六角头螺栓。

螺纹规格	d	M4	M5	M6	M8	M10	M12	M16	M20	M24	M30	M36	M42	M48
	$D×P$	—	—	—	M8×1	M10×1	M12×15	M16×15	M20×2	M24×2	M30×2	M36×3	M42×3	M48×3
$b_{参考}$	$l\leqslant125$	14	16	18	22	26	30	38	46	54	66	78	—	—
	$125<l\leqslant200$	—	—	—	28	32	36	44	52	60	72	84	96	108
	$l>200$	—	—	—	—	—	—	57	65	73	85	97	109	121
	c_{max}	0.4	0.5		0.6				0.8				1	
	$k_{公称}$	2.8	3.5	4	5.3	6.4	7.5	10	12.5	15	18.7	22.5	26	30
	d_{umax}	4	5	6	8	10	12	16	20	24	30	36	42	48
	S_{max}＝公称	7	8	10	13	16	18	24	30	36	48	55	65	75
e_{min}	A	7.66	8.79	11.05	14.38	17.77	20.03	26.75	33.53	39.98	—	—	—	—
	B	—	8.63	10.89	14.2	17.59	19.85	26.17	32.95	39.55	50.85	60.79	72.02	82.6
$d_{w min}$	A	5.9	6.9	8.9	11.6	14.6	16.6	22.5	28.2	33.6	—	—	—	—
	B	—	6.7	8.7	11.4	14.4	16.4	22	27.7	33.2	42.7	51.1	60.6	69.4
$l_{范围}$	GB5782	25~40	25~50	30~60	35~80	40~100	45~120	55~160	65~200	80~240	90~300	100~360	130~400	140~400
	GB5785											110~300		
	GB5783	8~40	10~50	12~60	16~80	20~100	25~100	35~100	40~100				80~500	100~500
	GB5786	—	—	—			25~120	35~160	40~200				90~400	100~500
$l_{系列}$	GB5782 GB5785	20~65(5 进位)、70~160(10 进位)、180~400(20 进位)												
	GB5783 GB5786	6、8、10、12、16、18、20~65(5 进位)、70~160(10 进位)、180~500(20 进位)												

注:1. P 为螺距。末端按 GB/T2—2000 规定。 2. 螺纹公差:6 g;机械性能等级:8.8。

3. 产品等级:A 级用于 $d\leqslant24$ 和 $l\leqslant10d$ 或 $\leqslant150\,mm$(按较小值);B 级用于 $d>24$ 和 $l>10d$ 或 $>150\,mm$(按较小值)。

表 A3　六角头螺栓(二)(摘自 GB/T5780—2000)　　　　　　(单位:mm)

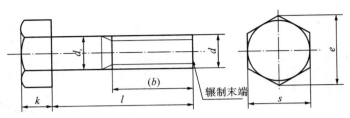

标记示例:螺栓　GB/T5780　M20×100

　　螺纹规格 d=M20,公称长度 l=100、性能等级为 4.8 级,不经表面处理、杆身半螺纹、C 级的交角头螺栓。

六角头螺栓—全螺纹—C 级(摘自 GB/T5781—2000)

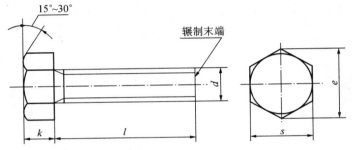

标记示例:螺栓　GB/T5781　M12×80

　　螺纹规格 d=M12,公称长度 l=80、性能等级为 4.8 级,不经表面处理、全螺纹、C 级的六角头螺栓。

螺纹规格 d		M5	M6	M8	M10	M12	M16	M20	M24	M30	M36	M42	M48
$b_{参考}$	$l \leqslant 125$	16	18	22	26	30	38	40	54	66	78	—	—
	$125 < l \leqslant 1\,200$	—	—	28	32	36	44	52	60	72	84	96	108
	$l > 1\,200$	—	—	—	—	—	57	65	73	85	97	109	121
$k_{公称}$		3.5	4.0	5.3	6.4	7.5	10	12.5	15	18.7	22.5	26	30
s_{max}		8	10	13	16	18	24	30	36	46	55	65	75
e_{max}		8.63	10.9	14.2	17.6	19.9	26.2	33.0	39.6	50.9	60.8	72.0	82.6
d_{smax}		5.48	6.48	8.58	10.6	12.7	16.7	20.8	24.8	30.8	37.0	45.0	49.0
$l_{范围}$	GB/T5780 —2000	25~ 50	30~ 60	35~ 80	40~ 100	45~ 120	55~ 160	65~ 200	80~ 240	90~ 300	110~ 300	160~ 420	180~ 480
	GB/T5781 —2000	10~ 40	12~ 50	16~ 65	20~ 80	25~ 100	35~ 100	40~ 100	50~ 100	60~ 100	70~ 100	80~ 420	90~ 480
$l_{系列}$		10、12、16、20~50(5 进位)、(55)、60、(65)、70~160(10 进位)、180、220~500 (20 进位)											

注:1. 括号内的规格尽可能不用。末端按 GB/T2—2000 规定。

　　2. 螺纹公差:8 g(GB/T5780—2000);6 g(GB/T5781—2000);机械性能等级:4.6、4.8;产品等级:C。

表 A4　**I 型六角头螺母** （单位：mm）

I 型六角螺母—A 和 B 级（摘自 GB/T6170—2000）
I 型六角头螺母—细牙—A 和 B 级（摘自 GB/T6171—2000）
I 型六角螺母—C 级（摘自 GB/T41—2000）

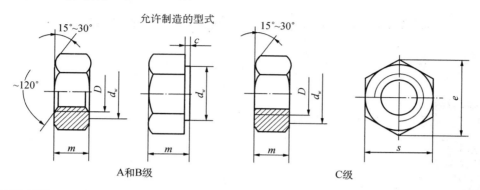

允许制造的型式

A 和 B 级　　　　　　　　　　C 级

标记示例：螺母　GB/T41　M12
螺纹规格 D＝M12、性能等级为 5 级、不经表面处理、C 级的 I 型六角螺母。
螺母　GB/T6171　M24×2
螺母规格 D＝M24、螺距 P＝2、性能等级为 10 级、不经表面处理、B 级的 I 型细牙六角螺母。

螺纹规格	D	M4	M5	M6	M8	M10	M12	M16	M20	M24	M30	M36	M42	M48
	$D×P$	—	—	—	M8×1	M10×1	M12×1.5	M16×1.5	M20×2	M24×2	M30×2	M36×3	M42×3	M48×3
	C	0.4	0.5			0.6			0.8			1		
	S_{max}	7	8	10	13	16	18	24	30	36	46	55	65	75
e_{min}	A、B 级	7.66	8.79	11.05	14.38	17.77	20.03	26.75	32.95	39.95	50.85	60.79	72.02	82.06
	C 级	—	8.63	10.89	14.2	17.59	19.85	26.17						
m_{max}	A、B 级	3.2	4.7	5.2	6.8	8.4	10.8	14.8	18	21.5	25.6	31	34	38
	C 级	—	5.6	6.1	7.9	9.5	12.2	15.9	18.7	22.3	26.4	31.5	34.9	38.9
$d_{w\,min}$	A、B 级	5.9	6.9	8.9	11.6	14.6	16.6	22.5	27.7	33.2	42.7	51.1	60.6	69.4
	C 级	—	6.9	8.7	11.5	14.5	16.5	22						

注：1. P 为螺距。2. A 级用于 $D≤16$ 的螺母；B 级用于 $D>16$ 的螺母；C 级用于 $D≥5$ 的螺母
　　3. 螺纹公差：A、B 级为 6H，C 级为 7H；机械性能等级：A、B 级为 6、8、10 级，C 级为 4、5 级。

表 A5　平垫圈 （单位：mm）

平垫圈—A级(GB/T97.1—2002)　平垫圈　倒角型—A级(GB/T92.2—2002)

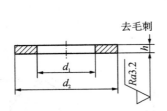 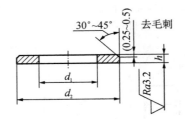

标记示例：垫圈　GB/T97.1　8　140HV
标准系列、公称尺寸 $d=80$ mm、性能等级为140HV级、不经表面处理的平垫圈。

公称尺寸（螺纹规格）d	3	4	5	6	8	10	12	14	16	20	24	30	36
内径 d_1	3.2	4.3	5.3	6.4	8.4	10.5	13	15	17	21	25	31	37
外径 d_2	7	9	10	12	16	20	24	28	30	37	44	56	66
厚度 h	0.5	0.8	1	1.6	1.6	2	2.5	2.5	3	3	4	4	5

表 A6　标准型弹簧垫圈(摘自 GB/T93—1987) （单位：mm）

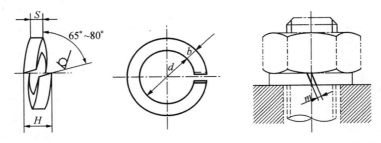

标记示例：垫圈　GB/T93　10
规格10、材料为65Mn、表面氧化的标准弹簧垫圈。

规格（螺纹大径）	4	5	6	8	10	12	16	20	24	30	36	42	48
d_{1min}	4.1	5.1	6.1	8.1	10.2	12.2	16.2	20.2	24.5	30.5	36.5	42.5	48.5
$S=b_{公称}$	1.1	1.3	1.6	2.1	2.6	3.1	4.1	5	6	7.5	9	10.5	12
$m\leqslant$	0.55	0.65	0.8	1.05	1.3	1.55	2.05	2.5	3	3.75	4.5	5.25	6
H_{max}	2.75	3.25	4	5.25	6.5	7.75	10.25	12.5	15	18.75	22.5	26.25	30

注：m 应大于零。

| 表 A7 | 双头螺柱(摘自 GB/T897～900—1988) | | | | | (单位:mm) |

$b_m = d(\text{GB/T897}—1988); b_m = 1.25d(\text{GB/T898}—1988); b_m = 1.5d(\text{GB/T899}—1988); b_m = 2d(\text{GB/T900}—1988)$

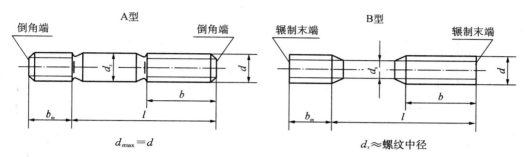

标记示例:螺钉　GB/T900—1988　M10×50

两端为粗牙普通螺纹、$d = 10$、$l = 50$、性能等级为 4.8 级、不经表面处理、B 型、$b_m = 2d$ 的双头螺柱。

螺钉　GB/T900—1988　AM10—10×1×50

旋入机体一端为粗牙普通螺纹,旋入螺母为细牙普通螺纹,螺距 $P = 1$、$d = 10$、$l = 50$、性能等级为 4.8 级、不经表面处理、A 型、$b_m = 2d$ 的双头螺柱。

螺纹规格 d	b_m(旋入机体端长度)				l/b(螺柱长度/旋螺母端长度)			
	GB/T897	GB/T898	GB/T899	GB/T900				
M4	—	—	6	8	$\dfrac{16\sim22}{8}$	$\dfrac{25\sim40}{14}$		
M5	5	6	8	10	$\dfrac{16\sim22}{10}$	$\dfrac{25\sim50}{16}$		
M6	6	8	10	12	$\dfrac{20\sim22}{10}$	$\dfrac{25\sim30}{14}$	$\dfrac{32\sim75}{18}$	
M8	8	10	12	16	$\dfrac{20\sim22}{12}$	$\dfrac{25\sim30}{16}$	$\dfrac{32\sim90}{22}$	
M10	10	12	15	20	$\dfrac{25\sim28}{14}$	$\dfrac{30\sim38}{16}$	$\dfrac{40\sim120}{26}$	$\dfrac{130}{32}$
M12	12	15	18	24	$\dfrac{25\sim30}{14}$	$\dfrac{32\sim40}{16}$	$\dfrac{45\sim120}{26}$	$\dfrac{130\sim180}{26}$
M16	16	20	24	32	$\dfrac{30\sim38}{16}$	$\dfrac{40\sim55}{20}$	$\dfrac{60\sim120}{30}$	$\dfrac{130\sim200}{36}$
M20	20	25	30	40	$\dfrac{35\sim40}{20}$	$\dfrac{45\sim65}{28}$	$\dfrac{70\sim120}{38}$	$\dfrac{130\sim200}{36}$
(M24)	24	30	36	48	$\dfrac{45\sim50}{25}$	$\dfrac{55\sim75}{35}$	$\dfrac{80\sim120}{46}$	$\dfrac{130\sim200}{52}$
(M30)	30	38	45	60	$\dfrac{60\sim65}{40}$	$\dfrac{70\sim90}{50}$	$\dfrac{95\sim120}{66}$	$\dfrac{130\sim200}{72}$ $\dfrac{210\sim250}{85}$
M36	36	45	54	72	$\dfrac{65\sim75}{45}$	$\dfrac{80\sim110}{60}$	$\dfrac{120}{78}$	$\dfrac{130\sim200}{84}$ $\dfrac{210\sim300}{97}$
M42	42	52	63	84	$\dfrac{70\sim80}{50}$	$\dfrac{85\sim110}{70}$	$\dfrac{120}{90}$	$\dfrac{130\sim200}{96}$ $\dfrac{210\sim300}{109}$
$l_{系列}$	12、(14)、16、(18)、20、(22)、25、(28)、30、(32)、35、(38)、40、45、50、55、60、(65)、70、75、80、(85)、90、(95)、100～260(10 进位)、280、300							

注:1. 尽可能不用括号内的规格。末端按 GB/T2—2000 规定。

　　2. $b_m = d$,一般用于钢对钢;$b_m = (1.25\sim1.5)d$,一般用于钢对铸铁;$b_m = 2d$,一般用于钢对铝合金。

表 A8　螺钉 （单位:mm）

开槽圆柱头螺钉(GB/T65—2000)

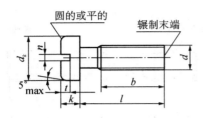

开槽盘头螺钉(GB/T67—2000)

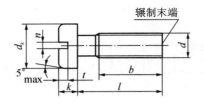

开槽圆沉头螺钉(GB/T68—2000)

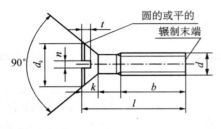

开槽半沉头螺钉(GB/T69—2000)

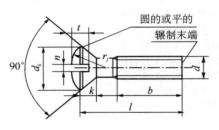

无螺纹部分杆径≈中径或=螺纹大径

标记示例:螺钉 GB/T65　M5×20

螺纹规格 d = M5、公称长度 l = 20 mm、性能等级为 4.8 级、不经表面处理的 A 级开槽圆柱头螺钉。

螺纹规格 d	P	b_{min}	n 公称	r_f	k_{max}				d_{kmax}			t_{min}				l 范围
				GB/T69	GB/T65	GB/T67	GB/T68 GB/T69	GB/T65	GB/T67	GB/T68 GB/T69	GB/T65	GB/T67	GB/T68	GB/T69	
M3	0.5	25	0.8	6	2	1.8	1.65	5.5	5.6	5.5	0.85	0.7	0.6	1.2	4～30
M4	0.7	38	1.2	9.5	2.6	2.4	2.7	7	8	8.4	1.1	1	1	1.6	5～40
M5	0.8	38	1.2	9.5	3.3	3.0	2.7	8.5	9.5	9.3	1.3	1.2	1.1	2	6～50
M6	1	38	1.6	12	3.9	3.6	3.3	10	12	11.3	1.6	1.4	1.2	2.4	8～60
M8	1.25	38	2	16.5	5	4.8	4.65	13	16	15.8	2	1.9	1.8	3.2	10～80
M10	1.5	38	2.5	19.5	6	6	5	16	20	18.3	2.4	2.4	2	3.8	12～80
l 系列	4、5、6、8、10、12、(14)、16、20、25、30、35、40、50、(55)、60、(65)、70、(75)、80														

表 A9　内六角圆柱头螺钉(摘自 GB/T70—2000)　　　　　　　　　　　　　(单位:mm)

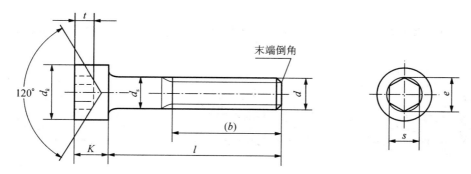

标记示例:螺钉 GB/T70.1—2000　M5×20

螺纹规格 $d=5$、公称长度 $l=20$、性能等级为 8.8 级、表面氧化的内六角圆柱头螺钉。

螺纹规格 d		M4	M5	M6	M8	M10	M12	(M14)	M16	M20	M24	M30
螺距 P		0.7	0.8	1	1.25	1.5	1.75	2	2	2.5	3	3.5
$b_{参考}$		20	22	24	28	32	36	40	44	52	60	72
$d_{k\,max}$	光滑头部	7	8.5	10	13	16	18	21	24	30	36	45
	滚花头部	7.22	8.72	10.22	13.27	16.27	18.27	21.33	24.33	30.33	36.39	45.39
k_{max}		4	5	6	8	10	12	14	16	20	24	30
t_{min}		2	2.5	3	4	5	6	7	8	10	12	22
$S_{公称}$		3	4	5	6	8	10	12	14	17	19	15.5
e_{min}		3.44	4.58	5.72	6.86	9.15	11.43	13.72	16	19.44	21.72	30.35
$d_{s\,max}$		4	5	6	8	10	12	14	16	20	24	30
$l_{范围}$		6～40	8～50	10～60	12～80	16～100	20～120	25～140	25～160	30～200	40～200	45～200
全螺纹时最大长度		25	25	30	35	40	45	55	55	65	80	90
$l_{系列}$		6、8、10、12、(14)、(16)、20～50(5 进位)、(55)、60、(65)、70～160(10 进位)、180、200										

注:1. 尽可能不用括号内的规格。末端按 GB/T2—2000 规定。

　　2. 机械性能等级:8.8、12.9。

　　3. 螺纹公差:机械性能为 8.8 级时为 6 g,12.9 级时为 5、6 g。

　　4. 产品等级:A。

表 A10　紧定螺钉　　　　　　　　　　（单位：mm）

开槽锥端紧定螺钉　　　　　开槽平端紧定螺钉　　　　　开槽长圆柱紧定螺钉
GB/T71—1985　　　　　　　GB/T73—1985　　　　　　　GB/T75—1985

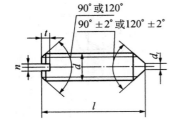 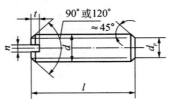 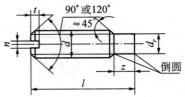

标记示例：螺钉 GB/T71—1985　M5×20
螺纹规格 $d=5$、公称长度 $l=20$、性能等级为 14H 级、表面氧化的开槽紧定螺钉。

螺纹规格 d		M2	M3	M4	M5	M6	M8	M10	M12
螺距 P		0.4	0.5	0.7	0.8	1	1.25	1.5	1.75
$d_{t\,max}$		0.2	0.3	0.4	0.5	1.5	2	2.5	3
$d_{p\,max}$		1	2	2.5	3.5	4	5.5	7	8.5
n		0.25	0.4	0.6	0.8	1	1.2	1.6	2
t_{max}		0.84	1.05	1.42	1.63	2	2.5	3	3.6
z_{max}		1.25	1.75	2.25	2.75	3.25	4.3	5.3	6.3
$l_{范围}$	GB/T71	3～10	4～16	6～20	8～25	8～30	10～40	12～50	14～60
	GB/T73	2～10	3～16	4～20	5～25	6～30	8～40	10～50	12～60
	GB/T75	3～10	5～16	6～20	8～25	8～30	10～40	12～50	14～60
$l_{系列}$		2、2.5、3、4、5、6、8、10、12、(14)、16、20、25、30、35、40、45、50、(55)、60							

注：螺纹公差 6 g；机械性能等级 14H、22H；产品等级 A。

三、键与销

表 A11　平键及键槽各部尺寸(摘自 GB/T1095～1096—2003)　　　　　　　(单位:mm)

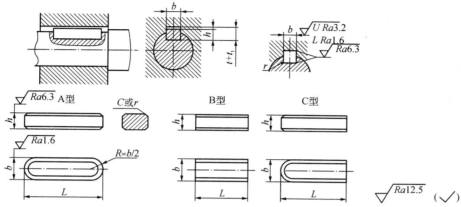

标记示例:

键 16×100　GB/T1096—2003(圆头普通平键,$b=16$、$h=10$、$L=100$)

键 B16×100　GB/T1096—2003(平头普通平键,$b=16$、$h=10$、$L=100$)

键 C16×100　GB/T1096—2003(单圆头普通平键,$b=16$、$h=10$、$L=100$)

轴	键			键　槽									
				宽度 b					深度				
公称直径 d	公称尺寸 $b×h$ (h9)	长度 L (h11)	公称尺寸 b	极限偏差					轴 t		毂 t_1		半径 r
				较松键联结		一般键联结		较紧键联结	公称尺寸	极限偏差	公称尺寸	极限偏差	
				轴 H9	毂 D10	轴 N9	毂 JS9	轴和毂 P9					最大	最小
>10～12	4×4	8～45	4						2.5		1.8		0.08	0.16
>12～17	5×5	10～56	5	+0.0300 +0.030	+0.078 +0.030	0 −0.030	±0.015	−0.012 −0.042	3.0	+0.10	2.3	+0.10	
>17～22	6×6	14～70	6						3.5		2.8		0.16	0.25
>22～30	8×7	18～90	8	+0.0360 +0.040	+0.098 +0.040	0 −0.036	±0.018	−0.015 −0.051	4.0		3.3		
>30～38	10×8	22～110	10						5.0		3.3		
>38～44	12×8	28～140	12						5.0		3.3		
>44～50	14×9	36～160	14	+0.0430 +0.050	+0.120 +0.050	0 −0.043	±0.022	−0.018 −0.061	5.5		3.8		0.25	0.40
>50～58	16×10	45～180	16						6.0	+0.20	4.3	+0.20	
>58～65	18×11	50～200	18						7.0		4.4		
>65～75	20×12	56～220	20						7.5		4.9		
>75～85	22×14	63～250	22	+0.0520 +0.065	+0.149 +0.065	0 −0.052	±0.026	−0.022 −0.074	9.0		5.4		0.40	0.60
>85～95	25×14	70～280	25						9.0		5.4		
>95～100	28×16	80～320	28						10		6.4		

注:1. $(d-t)$和$(d+t_1)$两个组合尺寸的极限偏差,按相应的 t 和 t_1 的极限偏差选取,但$(d-t)$极限偏差应取负号(—)。

　　2. L系列:6～22(2 进位)、25、28、32、36、40、45、50、56、63、70、80、90、100、110、125、140、160、180、200、220、250、280、320、360、400、450、500。

　　3. 键 b 的极限偏差为 h9,键 h 的极限偏差为 h11,键长 L 的极限偏差为 h14。

表 A12　圆柱销(不淬硬钢和奥氏体不锈钢)(摘自 GB/T119.1—2000)　　　　（单位:mm）

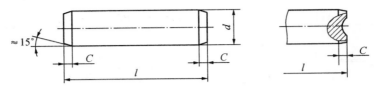

标记示例:销　GB/T119.1　6　m6×30

公称直径 $d=6$、公差为 m6、公称长度 $l=30$、材料为钢、不经表面处理的圆柱销。

销　GB/T119.1　6　m6×30—A1

公称直径 $d=6$、公差为 m6、公称长度 $l=30$、材料为 A1 组奥氏体不锈钢、表面简单处理的圆柱销。

d(公称)m6/h8	2	3	4	5	6	8	10	12	16	20	25
$C\approx$	0.35	0.5	0.63	0.8	1.2	1.6	2	2.5	3	3.5	44
$l_{范围}$	6～20	8～30	8～40	10～50	12～60	14～80	18～95	22～140	26～180	35～200	50～200
$l_{系列}$(公称)	2、3、4、5、6～22(2 进位)、35～100(5 进位)、120～200(20 进位)										

表 A13　圆锥销(不淬硬钢和奥氏体不锈钢)(摘自 GB/T117—2000)　　　　（单位:mm）

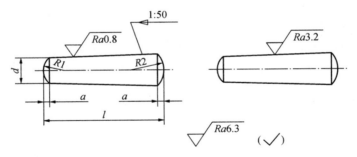

标记示例:销　GB/T117　10×60

公称直径 $d=10$、长度 $l=60$、材料为 35 钢、热处理硬度 28～38HRC、表面氧化处理的 A 型圆柱销。

$d_{公称}$	2	2.5	3	4	5	6	8	10	12	16	20	25
$a\approx$	0.25	0.3	0.4	0.5	0.63	0.8	1.0	1.2	1.6	2.0	2.5	3.0
$l_{范围}$	10～35	10～35	12～45	14～55	18～60	22～90	22～120	26～160	32～180	40～200	45～200	50～200
$l_{系列}$	2、3、4、5、6(2 进位)、35～100(5 进位)、120～200(20 进位)											

四、滚动轴承

表 A14　滚动轴承　　　　　　　　　　（单位:mm）

深沟球轴承 （摘自 GB/T276—1994）	圆锥滚子轴承 （摘自 GB/T297—1994）	推力球轴承 （摘自 GB/T301—1995）
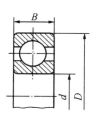	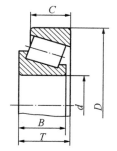	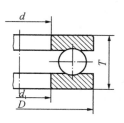
标记示例: 滚动轴承 6310 GB/T276—1994	标记示例: 滚动轴承 30212 GB/T297—1994	标记示例: 滚动轴承 51305 GB/T301—1995

轴承型号	d	D	B	轴承型号	d	D	B	C	T	轴承型号	d	D	T	d₁
尺寸系列〔(0)2〕				尺寸系列〔02〕						尺寸系列〔12〕				
6202	15	35	11	30203	17	40	12	11	13.25	51202	15	32	12	17
6203	17	40	12	30204	20	47	14	12	15.25	51203	17	35	12	19
6204	20	47	14	30205	25	52	15	13	16.25	51204	20	40	14	22
6205	25	52	15	30206	30	62	16	14	17.25	51205	25	47	15	27
6206	30	62	16	30207	35	72	17	15	18.25	51206	30	52	16	32
6207	35	72	17	30208	40	80	18	16	19.75	51207	35	62	18	37
6208	40	80	18	30209	45	85	19	16	20.75	51208	40	68	19	42
6209	45	85	19	30210	50	90	20	17	21.75	51209	45	73	20	47
6210	50	90	20	30211	55	100	21	18	22.75	51210	50	78	22	52
6211	55	100	21	30212	60	110	22	19	23.75	51211	55	90	25	57
6212	60	110	22	30213	65	120	23	20	24.75	51212	60	95	26	62
尺寸系列〔(0)3〕				尺寸系列〔03〕						尺寸系列〔13〕				
6302	15	42	13	30302	15	42	13	11	14.25	51304	20	47	18	22
6303	17	47	14	30303	17	47	14	12	15.25	51305	25	52	18	27
6304	20	52	15	30304	20	52	15	13	16.25	51306	30	60	21	32
6305	25	62	17	30305	25	62	17	15	18.25	51307	35	68	24	37
6306	30	72	19	30306	30	72	19	16	20.75	51308	40	78	26	42
6307	35	80	21	30307	35	80	21	18	22.75	51309	45	85	28	47
6308	40	90	23	30308	40	90	23	20	25.25	51310	50	95	31	52
6309	45	100	25	30309	45	100	25	22	27.25	51311	55	105	35	57
6310	50	110	27	30310	50	110	27	23	29.25	51312	60	110	35	62
6311	55	120	29	30311	55	120	29	25	31.50	51313	65	115	36	67
6312	60	130	31	30312	60	130	31	26	33.50	51314	70	125	40	72

注:圆括号中的尺寸系列代号在轴承代号中省略。

五、轴与孔的极限偏差

表 A15 标准公差(摘自 GB/T1800.3—1998)

基本尺寸/mm		标准公差等级																	
大于	至	IT1	IT2	IT3	IT4	IT5	IT6	IT7	IT8	IT9	IT10	IT11	IT12	IT13	IT14	IT15	IT16	IT17	IT18
		μm											mm						
—	3	0.8	1.2	2	3	4	6	10	14	25	40	60	0.1	0.14	0.25	0.4	0.6	1	1.4
3	6	1	1.5	2.5	4	5	8	12	18	30	48	75	0.12	0.18	0.3	0.48	0.75	1.2	1.8
6	10	1	1.5	2.5	4	6	9	15	22	36	58	90	0.15	0.22	0.36	0.58	0.9	1.5	2.2
10	18	1.2	2	3	5	8	11	18	27	43	70	110	0.18	0.27	0.43	0.7	1.1	2.8	2.7
18	30	1.5	2.5	4	6	9	13	21	33	52	84	130	0.21	0.33	0.52	0.84	1.3	2.1	3.3
30	50	1.5	2.5	4	7	11	16	25	39	62	100	160	0.25	0.39	0.62	1	1.6	2.5	3.9
50	80	2	3	5	8	13	19	30	46	74	120	190	0.3	0.46	0.74	1.2	1.9	3	4.6
80	120	2.5	4	6	10	15	22	35	54	87	140	220	0.35	0.54	0.87	1.4	2.2	3.5	5.4
120	180	3.5	5	8	12	18	25	40	63	100	160	250	0.4	0.63	1	1.6	2.5	4	6.3
180	250	4.5	7	10	14	20	29	46	72	115	185	290	0.46	0.72	1.15	1.85	2.9	4.6	7.2
250	315	6	8	12	16	23	32	52	81	130	210	320	0.52	0.81	1.3	2.1	3.2	5.2	8.1
315	400	7	9	13	18	25	36	57	89	140	230	360	0.57	0.89	1.4	2.3	3.6	5.7	8.9
400	500	8	10	15	20	27	40	63	97	155	250	400	0.63	0.97	1.55	2.5	4	6.3	9.7
500	630	9	11	16	22	32	44	70	110	175	280	440	0.7	1.1	1.75	2.8	4.4	7	11
630	800	10	13	18	25	36	50	80	125	200	320	500	0.8	1.25	2	3.2	5	8	12.5
800	1 000	11	15	21	28	40	56	90	140	230	360	560	0.9	1.4	2.3	3.6	5.6	9	14
1 000	1 250	13	18	24	33	47	66	105	165	260	420	660	1.05	1.65	2.6	4.2	6.6	10.5	16.5
1 250	1 600	15	21	29	39	55	78	125	195	310	500	780	1.25	1.95	3.1	5	7.8	12.5	19.5
1 600	2 000	18	25	35	46	65	92	150	230	370	600	920	1.5	2.3	3.7	6	9.2	15	23
2 000	2 500	22	30	41	55	78	110	175	280	440	700	1 100	1.75	2.8	4.4	7	11	17.5	28
2 500	3 150	26	36	50	68	96	135	210	330	540	860	1 350	2.1	3.3	5.4	8.6	13.5	21	33

注:1. 基本尺寸大于 500 mm 的 IT1 至 IT5 的标准公差数值为试行的。

2. 基本尺寸小于或等于 1 mm 时,无 IT14 至 IT18。

表 A16　优先配合中轴的极限偏差(摘自 GB/T1800. 3—1998)　　　　(单位:μm)

基本尺寸/mm 大于	至	c11	d9	f7	g6	h6	h7	h9	h11	k6	n6	p6	s6	u6
—	3	−60/−120	−20/−45	−6/−16	−2/−8	0/−6	0/−10	0/−25	0/−60	+6/0	+10/+4	+12/+6	+20/+14	+24/+18
3	6	−70/−145	−30/−60	−10/−22	−4/−12	0/−8	0/−12	0/−30	0/−75	+9/+1	+16/+8	+20/+12	+27/+19	+31/+23
6	10	−80/−170	−40/−76	−13/−28	−5/−14	0/−9	0/−15	0/−36	0/−90	+10/+1	+19/+10	+24/+15	+32/+23	+37/+28
10	14	−95/−205	−50/−93	−16/−34	−6/17	0/−11	0/−18	0/−43	0/−110	+12/+1	+23/+12	+29/+18	+39/+28	+44/+33
14	18	−95/−205	−50/−93	−16/−34	−6/17	0/−11	0/−18	0/−43	0/−110	+12/+1	+23/+12	+29/+18	+39/+28	+44/+33
18	24	−110/−240	−65/−117	−20/−41	−7/−20	0/−13	0/−21	0/−52	0/−130	+15/+2	+28/+15	+35/+22	+48/+35	+54/+41
24	30	−110/−240	−65/−117	−20/−41	−7/−20	0/−13	0/−21	0/−52	0/−130	+15/+2	+28/+15	+35/+22	+48/+35	+61/+48
30	40	−120/−280	−80/−142	−25/−50	−9/−25	0/−16	0/−25	0/−62	0/−160	+18/+2	+33/+17	+42/+26	+59/+43	+76/+60
40	50	−130/−290	−80/−142	−25/−50	−9/−25	0/−16	0/−25	0/−62	0/−160	+18/+2	+33/+17	+42/+26	+59/+43	+86/+70
50	65	−140/−330	−100/−174	−30/−60	−10/−29	0/−19	0/−30	0/−74	0/−190	+21/+2	+39/+20	+51/+32	+72/+53	+106/+87
65	80	−150/−340	−100/−174	−30/−60	−10/−29	0/−19	0/−30	0/−74	0/−190	+21/+2	+39/+20	+51/+32	+78/+59	+121/+102
80	100	−170/−390	−120/−207	−36/−71	−12/−34	0/−22	0/−35	0/−87	0/−220	+25/+3	+45/+23	+59/+37	+93/+71	+146/+124
100	120	−180/−400	−120/−207	−36/−71	−12/−34	0/−22	0/−35	0/−87	0/−220	+25/+3	+45/+23	+59/+37	+101/+79	+166/+144
120	140	−200/−450	−145/−245	−43/−83	−14/−39	0/−25	0/−40	0/−100	0/−250	+28/+3	+52/+27	+68/+43	+117/+92	+195/+170
140	160	−210/−460	−145/−245	−43/−83	−14/−39	0/−25	0/−40	0/−100	0/−250	+28/+3	+52/+27	+68/+43	+125/+100	+215/+190
160	180	−230/−480	−145/−245	−43/−83	−14/−39	0/−25	0/−40	0/−100	0/−250	+28/+3	+52/+27	+68/+43	+133/+108	+235/+210
180	200	−240/−530	−170/−285	−50/−96	−15/−44	0/−29	0/−46	0/−115	0/−290	+33/+4	+60/+31	+79/+50	+151/+122	+265/+236
200	225	−260/−550	−170/−285	−50/−96	−15/−44	0/−29	0/−46	0/−115	0/−290	+33/+4	+60/+31	+79/+50	+159/+130	+287/+258
225	250	−280/−570	−170/−285	−50/−96	−15/−44	0/−29	0/−46	0/−115	0/−290	+33/+4	+60/+31	+79/+50	+169/+140	+313/+284
250	280	−300/−620	−190/−320	−56/−108	−17/−49	0/−32	0/−52	0/−130	0/−320	+36/+4	+66/+34	+88/+56	+190/+158	+347/+315
280	315	−330/−650	−190/−320	−56/−108	−17/−49	0/−32	0/−52	0/−130	0/−320	+36/+4	+66/+34	+88/+56	+202/+170	+382/+350
315	355	−360/−720	−210/−350	−62/−119	−18/−54	0/−36	0/−57	0/−140	0/−360	+40/+4	+73/+37	+98/+62	+226/+190	+426/+390
355	400	−400/−760	−210/−350	−62/−119	−18/−54	0/−36	0/−57	0/−140	0/−360	+40/+4	+73/+37	+98/+62	+244/+208	+471/+435
400	450	−440/−840	−230/−385	−68/−131	−20/−60	0/−40	0/−63	0/−155	0/−400	+45/+5	+80/+40	+108/+68	+272/+232	+530/+490
450	500	−480/−880	−230/−385	−68/−131	−20/−60	0/−40	0/−63	0/−155	0/−400	+45/+5	+80/+40	+108/+68	+292/+252	+580/+540

表 A17 优先配合中孔的极限偏差(摘自 GB/T1800.3—1998) (单位:μm)

基本尺寸 /mm		公差带												
		C	D	F	G	H	H	H	H	K	N	P	S	U
大于	至	11	9	8	7	7	8	9	11	7	7	7	7	7
—	3	+120 / +60	+45 / +20	+20 / +6	+12 / +2	+10 / 0	+14 / 0	+25 / 0	+60 / 0	0 / −10	−4 / −14	−6 / −16	−14 / −24	−18 / −28
3	6	+145 / +70	+60 / +30	+28 / +10	+16 / +4	+12 / 0	+18 / 0	+30 / 0	+75 / 0	+3 / −9	−4 / −16	−8 / −20	−15 / −27	−19 / −31
6	10	+170 / +80	+76 / +40	+35 / +13	+20 / +5	+15 / 0	+22 / 0	+36 / 0	+90 / 0	+5 / −10	−4 / −19	−9 / −24	−17 / −32	−22 / −37
10	14	+205 / +95	+93 / +50	+43 / +16	+24 / +6	+18 / 0	+27 / 0	+43 / 0	+110 / 0	+6 / −12	−5 / −23	−11 / −29	−21 / −39	−26 / −44
14	18	+205 / +95	+93 / +50	+43 / +16	+24 / +6	+18 / 0	+27 / 0	+43 / 0	+110 / 0	+6 / −12	−5 / −23	−11 / −29	−21 / −39	−26 / −44
18	24	+240 / +110	+117 / +65	+53 / +20	+28 / +7	+21 / 0	+33 / 0	+52 / 0	+130 / 0	+6 / −15	−7 / −28	−14 / −35	−27 / −48	−33 / −54
24	30	+240 / +110	+117 / +65	+53 / +20	+28 / +7	+21 / 0	+33 / 0	+52 / 0	+130 / 0	+6 / −15	−7 / −28	−14 / −35	−27 / −48	−40 / −61
30	40	+280 / +120	+142 / +80	+64 / +25	+34 / +9	+25 / 0	+39 / 0	+62 / 0	+160 / 0	+7 / −18	−8 / −33	−17 / −42	−34 / −59	−51 / −76
40	50	+290 / +130	+142 / +80	+64 / +25	+34 / +9	+25 / 0	+39 / 0	+62 / 0	+160 / 0	+7 / −18	−8 / −33	−17 / −42	−34 / −59	−61 / −86
50	65	+330 / +140	+174 / +100	+76 / +30	+40 / +10	+30 / 0	+46 / 0	+74 / 0	+190 / 0	+9 / −21	−9 / −39	−21 / −51	−42 / −72	−76 / −106
65	80	+340 / +150	+174 / +100	+76 / +30	+40 / +10	+30 / 0	+46 / 0	+74 / 0	+190 / 0	+9 / −21	−9 / −39	−21 / −51	−48 / −78	−91 / −121
80	100	+390 / +170	+207 / +120	+90 / +36	+47 / +12	+35 / 0	+54 / 0	+87 / 0	+220 / 0	+10 / −25	−10 / −45	−24 / −59	−58 / −93	−111 / −146
100	120	+400 / +180	+207 / +120	+90 / +36	+47 / +12	+35 / 0	+54 / 0	+87 / 0	+220 / 0	+10 / −25	−10 / −45	−24 / −59	−66 / −101	−131 / −166
120	140	+450 / +200	+245 / +145	+106 / +43	+54 / +14	+40 / 0	+63 / 0	+100 / 0	+250 / 0	+12 / −28	−12 / −52	−28 / −68	−77 / −117	−155 / −195
140	160	+460 / +210	+245 / +145	+106 / +43	+54 / +14	+40 / 0	+63 / 0	+100 / 0	+250 / 0	+12 / −28	−12 / −52	−28 / −68	−85 / −125	−175 / −215
160	180	+480 / +230	+245 / +145	+106 / +43	+54 / +14	+40 / 0	+63 / 0	+100 / 0	+250 / 0	+12 / −28	−12 / −52	−28 / −68	−93 / −133	−195 / −235
180	200	+530 / +240	+285 / +170	+122 / +50	+61 / +15	+46 / 0	+72 / 0	+115 / 0	+290 / 0	+13 / −33	−14 / −60	−33 / −79	−105 / −151	−219 / −265
200	225	+550 / +260	+285 / +170	+122 / +50	+61 / +15	+46 / 0	+72 / 0	+115 / 0	+290 / 0	+13 / −33	−14 / −60	−33 / −79	−113 / −159	−241 / −287
225	250	+570 / +280	+285 / +170	+122 / +50	+61 / +15	+46 / 0	+72 / 0	+115 / 0	+290 / 0	+13 / −33	−14 / −60	−33 / −79	−123 / −169	−267 / −313
250	280	+620 / +300	+320 / +190	+137 / +56	+69 / +17	+52 / 0	+81 / 0	+130 / 0	+320 / 0	+16 / −36	−14 / −66	−36 / −88	−138 / −190	−295 / −347
280	315	+650 / +330	+320 / +190	+137 / +56	+69 / +17	+52 / 0	+81 / 0	+130 / 0	+320 / 0	+16 / −36	−14 / −66	−36 / −88	−150 / −202	−330 / −382
315	355	+720 / +360	+350 / +210	+151 / +62	+75 / +18	+57 / 0	+89 / 0	+140 / 0	+360 / 0	+17 / −40	−16 / −73	−41 / −98	−169 / −226	−369 / −426
355	400	+760 / +400	+350 / +210	+151 / +62	+75 / +18	+57 / 0	+89 / 0	+140 / 0	+360 / 0	+17 / −40	−16 / −73	−41 / −98	−187 / −244	−414 / −471
400	450	+840 / +440	+385 / +230	+165 / +68	+83 / +20	+63 / 0	+97 / 0	+155 / 0	+400 / 0	+18 / −45	−17 / −80	−45 / −108	−209 / −272	−467 / −530
450	500	+880 / +480	+385 / +230	+165 / +68	+83 / +20	+63 / 0	+97 / 0	+155 / 0	+400 / 0	+18 / −45	−17 / −80	−45 / −108	−229 / −292	−517 / −580

六、常用数据和标准结构

表 A18　倒圆和倒角(摘自 GB/T6403.4—1990)　　　　　　（单位：mm）

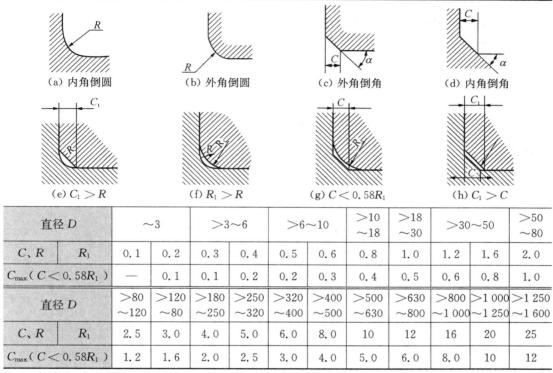

（a）内角倒圆　　　（b）外角倒圆　　　（c）外角倒角　　　（d）内角倒角

（e）$C_1 > R$　　　（f）$R_1 > R$　　　（g）$C < 0.58R_1$　　　（h）$C_1 > C$

直径 D		～3		>3～6		>6～10		>10～18	>18～30	>30～50		>50～80
C、R	R_1	0.1	0.2	0.3	0.4	0.5	0.6	0.8	1.0	1.2	1.6	2.0
C_{max}($C<0.58R_1$)		—	0.1	0.1	0.2	0.2	0.3	0.4	0.5	0.6	0.8	1.0
直径 D		>80～120	>120～80	>180～250	>250～320	>320～400	>400～500	>500～630	>630～800	>800～1 000	>1 000～1 250	>1 250～1 600
C、R	R_1	2.5	3.0	4.0	5.0	6.0	8.0	10	12	16	20	25
C_{max}($C<0.58R_1$)		1.2	1.6	2.0	2.5	3.0	4.0	5.0	6.0	8.0	10	12

注：α 一般采用 45°，也可采用 30° 或 60°。

表 A19　回转面及端面砂轮越程槽(摘自 GB/T6403.5—1990)　　　　（单位：mm）

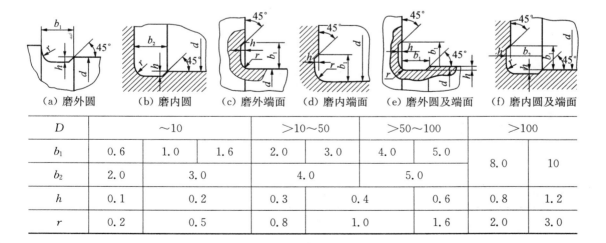

（a）磨外圆　（b）磨内圆　（c）磨外端面　（d）磨内端面　（e）磨外圆及端面　（f）磨内圆及端面

D		～10			>10～50		>50～100		>100	
b_1	0.6	1.0		1.6	2.0	3.0	4.0	5.0	8.0	10
b_2	2.0		3.0		4.0			5.0		
h	0.1		0.2		0.3		0.4	0.6	0.8	1.2
r	0.2		0.5		0.8		1.0	1.6	2.0	3.0

表 A20　普通螺纹退刀槽和倒角（摘自 GB/T3—1997）　　　　　　　　（单位:mm）

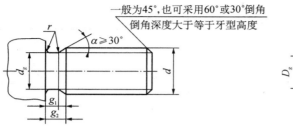

一般为45°,也可采用60°或30°倒角
倒角深度大于等于牙型高度

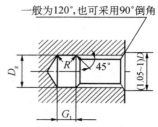

一般为120°,也可采用90°倒角

螺距 P	粗牙螺纹大径 d、D	外螺纹				内螺纹			
		g_2 max	g_1 min	d_g	$r\approx$	G_1		D_g	$R\approx$
						一般	短的		
0.5	3	1.5	0.8	$d-0.8$	0.2	2	1	$D+0.3$	0.2
0.6	3.5	1.8	0.9	$d-1$		2.4	1.2		0.3
0.7	4	2.1	1.1	$d-1.1$	0.4	2.8	1.4		
0.75	4.5	2.25	1.2	$d-1.2$		3	1.5		0.4
0.8	5	2.4	1.3	$d-1.3$		3.2	1.6		
1	6;7	3	1.6	$d-1.6$	0.6	4	2		0.5
1.25	8;9	3.75	2	$d-2$		5	2.5		0.6
1.5	10;11	4.5	2.5	$d-2.3$	0.8	6	3		0.8
1.75	12	5.25	3	$d-2.6$	1	7	3.5		0.9
2	14;16	6	3.4	$d-3$		8	4		1
2.5	18;20	7.5	4.4	$d-3.6$	12	10	5		1.2
3	24;27	9	5.2	$d-4.4$	1.6	12	6	$D+0.5$	1.5
3.5	30;33	10.5	6.2	$d-5$		14	7		1.8
4	36;39	12	7	$d-5.7$	2	16	8		2
4.5	42;45	13.5	8	$d-6.4$	2.5	18	9		2.2
5	48;52	15	9	$d-7$		20	10		2.5
5.5	56;60	17.5	11	$d-7.7$	3.2	22	11		2.8
6	64;68	18	11	$d-8.3$		24	12		3
参考值	—	$\approx 3P$	—	—	—	$\approx 4P$	$\approx 2P$	—	$\approx 0.5P$

注:1. d、D 为螺纹公称直径代号。"短"退刀槽仅在结构受限制时采用。
　　2. d_g 公差为:$d>3$ mm 时,为 h13;$d\leqslant 3$ mm 时,为 h12。D_g 公差为 H13。

表 A21　紧固件通孔(摘自 GB/T5277—1988)及沉头座尺寸(摘自 GB/T152.2—1988)

(单位:mm)

螺纹规格			2	2.5	3	4	5	6	8	10	12	14	16	18	20
通孔直径	精装配		2.2	2.7	3.2	4.3	5.3	6.4	8.4	10.5	13	15	17	19	21
	中等装配		2.4	2.9	3.4	4.5	5.5	6.6	8.9	11	13.5	15.5	17.5	20	22
	粗装配		2.6	3.1	3.6	4.8	5.8	7	10	12	14.5	16.5	18.5	21	23
用于六角螺栓联结 t 刮平为止 GB/T152.4—2000		d_2	6	8	9	10	11	13	18	22	26	30	33	36	40
		d_3	—	—	—	—	—	—	—	—	16	18	20	22	24
		d_1	2.4	2.9	3.4	4.5	5.5	6.6	8.9	11	13.5	15.5	17.5	20	22
用于圆柱头螺钉联结 GB/T152.3—2000	GB/T70	d_2	4.3	5.0	6.0	8.0	10	11	15	18	20	24	26	—	33
		t	2.3	2.9	3.4	4.6	5.7	6.8	9	11	13	15	17.5	—	21.5
		d_3	—	—	—	—	—	—	—	—	16	18	20	—	24
		d_1	2.4	2.9	3.4	4.5	5.5	6.6	8.9	11	13.5	15.5	17.5	—	22
	GB/T65 GB/T67	d_2	—	—	—	8.0	10	11	15	18	20	24	26	—	33
		t	—	—	—	3.2	4	4.7	6	7	8	9	10.5	—	12.5
		d_3	—	—	—	—	—	—	—	—	16	18	20	—	24
		d_1	—	—	—	4.5	5.5	6.6	8.9	11	13.5	15.5	17.5	—	22
用于沉头、半沉头螺钉联结 GB/T152.2—2000 90°		d_2	4.5	5.6	6.4	9.6	10.6	12.8	17.6	20.3	24.4	28.4	32.4	—	40.4
		t	1.2	1.5	1.6	2.7	2.7	3.3	4.6	5	6	7	8	—	10
		d_1	2.4	2.9	3.4	4.5	5.5	6.6	8.9	11	13.5	15.5	17.5	—	22

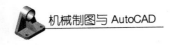

表 A22　滚花(摘自 GB/T6403.3—2000)　　　　　　　　　　　　　　(单位:mm)

直纹滚花

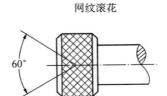
网纹滚花

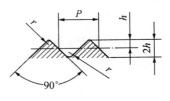

标记示例:
直纹 m = 0.3 GB/T6403.3—2000
模数 m = 0.3 直纹滚花
直纹 m = 0.5 GB/T6403.3—2000
模数 m = 0.5 网纹滚花

模数 m	h	r	节距 P
0.2	0.132	0.06	0.628
0.3	0.198	0.09	0.942
0.4	0.264	0.12	1.257
0.5	0.326	0.16	1.571

注:1. 表中 $h = 0.785m - 0.414r$。 2. 滚花前零件表面 R_a 值不得低于 12.5。 3. 滚花后零件外径略增大,增量 $\Delta = (0.8 \sim 1.6)m$。

七、常用金属材料、热处理和表面处理

表 A23　常用金属材料

标准	名称	牌号		应用举例	说明
GB/T 700—1988	普通碳素结构钢	Q215	A 级	金属结构件、拉杆、套圈、铆钉、螺栓、短轴、心轴、凸轮(载荷不大的)、垫圈、渗碳零件及焊接件	"Q"为碳素结构钢屈服点"屈"字的汉语拼音首位字母,后面的数字表示屈服点的数值。如 Q235 表示碳素结构钢的屈服点为 235 MPa 新旧牌号对照: Q215—A2 Q235—A3 Q275—A5
			B 级		
		Q235	A 级	金属结构件,心部强度要求不高的渗碳或氰化零件,吊钩、拉杆、套圈、汽缸、齿轮、螺栓、螺母、连杆、轮轴、楔、盖及焊接件	
			B 级		
			C 级		
			D 级		
		Q275		轴、轴销、刹车杆、螺母、螺栓、垫圈、连杆、齿轮以及其他强度较高的零件	
GB/T 699—1999	优质碳素结构钢	10		用做拉杆、卡头、垫圈、铆钉及用做焊接零件	
		15		用于受力不大和韧性较高的零件,渗碳零件及紧固件(如螺栓、螺钉)、法兰盘和化工贮器	

续表

标准	名称	牌号	应用举例	说明
GB/T 699—1999	优质碳素结构钢	35	用于制造曲轴、转轴、轴销、杠杆、连杆、螺栓、螺母、垫圈、飞轮（多在正火、调质下使用）	牌号的两位数字表示平均碳的质量分数，45号钢即表示碳的质量分数为0.45% 碳的质量分数≤0.25%的碳钢属低碳钢（渗碳钢） 碳的质量分数在(0.25～0.6)%之间的碳钢属中碳钢（调质钢） 碳的质量分数>0.6%的碳钢属高碳钢 锰的质量分数较高的钢，须加注化学元素符号"Mn"
		45	用做要求综合机械性能高的各种零件，通常经正火或调质处理后使用。用于制造轴、齿轮、齿条、链轮、螺栓、螺母、销钉、键、拉杆等	
		60	用于制造弹簧、弹簧垫圈、凸轮、轧辊等	
		15Mn	制作心部机械性能要求较高且需渗碳的零件	
		65Mn	用做要求耐磨性高的圆盘、衬板、齿轮、花健轴及弹簧等	
GB/T 3077—1999	合金结构钢	20Mn2	用做渗碳小齿轮、小轴、活塞销、柴油机套筒、气门推杆、缸套等	钢中加入一定量的合金元素，提高了钢的力学性能和耐磨性，也提高了钢的淬透性，保证金属在较大截面上获得高的力学性能
		15Cr	用于要求心部韧性较高的渗碳零件，如船舶主机用螺栓、活塞销、凸轮、凸轮轴、汽轮机套环、机车小零件等	
		40Cr	用于受变载、中速、中载、强烈磨损而无很大冲击的重要零件，如重要的齿轮、轴、曲轴、连杆、螺栓、螺母等	
		35SiMn	耐磨、耐疲劳性均佳，适用于小型轴类、齿轮及430℃以下的重要紧固件等	
		20CrMnTi	工艺性特优，强度、韧性均高，可用于承受高速、中等或重负荷以及冲击、磨损等的重要零件，如渗碳齿轮、凸轮等	
GB/T 11352—1989	铸钢	ZG230-450	轧机机架、铁道车辆摇枕、侧梁、机座、箱体、锤轮、450℃以下的管路附件等	"ZG"为"铸钢"汉语拼音的首位字母，后面的数字表示屈服点和抗拉强度。如ZG230-450表示屈服点为230 MPa、抗拉强度为450 MPa
		ZG310-570	适用于各种形状的零件，如联轴器、齿轮、汽缸、轴、机架、齿圈等	

续表

标准	名称	牌号	应用举例	说明
GB/T 9439—1988	灰铸铁	HT150	用于小负荷和对耐磨性无特殊要求的零件,如端盖、外罩、手轮、一般机床的底座、床身及其复杂零件、滑台、工作台和低压管件等	"HT"为"灰铁"的汉语拼音的首位字母,后面的数字表示抗拉强度。如 HT200 表示抗拉强度为 200 MPa 的灰铸铁
		HT200	用于中等负荷和对耐磨性有一定要求的零件,如机床床身、立柱、飞轮、汽缸、泵体、轴承座、活塞、齿轮箱、阀体等	
		HT250	用于中等负荷和对耐磨性有一定要求的零件,如阀壳、油缸、汽缸、联轴器、机体、齿轮、齿轮箱外壳、飞轮、液压泵和滑阀的壳体等	
GB/T 1176—1987	5-5-5 锡青铜	ZCuSn5 Pb5Zn5	耐磨性和耐蚀性均好,易加工,铸造性和气密性较好。用于较高负荷、中等滑动速度下工作的耐磨、耐腐蚀零件,如轴瓦、衬套、缸套、活塞、离合器、蜗轮等	"Z"为"铸造"汉语拼音的首位字母,各化学元素后面的数字表示该元素含量的百分数,如 ZcuAl10Fe3 表示含: $w_{Al}=8.1\%\sim11\%$ $w_{Fe}=2\%\sim4\%$ 其余为 Cu 的铸造铝青铜
	10-3 铝青铜	ZCuAl10 Fe3	机械性能高,耐磨性、耐蚀性、抗氧化性好,可以焊接,不易钎焊,大型铸件自700℃空冷可防止变脆。可用于制造强度高、耐磨、耐蚀的零件,如蜗轮、轴承、衬套、管嘴、耐热管配件等	
	25-6-3-3 铝黄铜	ZCuZn 25Al6 Fe3Mn3	有很高的力学性能,铸造性良好,耐蚀性较好,有应力腐蚀开裂倾向,可以焊接。适用于高强耐磨零件,如桥梁支承板、螺母、螺杆、耐磨板、滑块、蜗轮等	
	58-2-2 锰黄铜	ZCuZn38 Mn2Pb2	有较高的力学性能和耐蚀性,耐磨性较好,切削性良好。可用于一般用途的构件、船舶仪表等使用的外形简单的铸件,如套筒、衬套、轴瓦、滑块等	
GB/T 1173—1995	铸造铝合金	ZAlSi12 代号 ZL102	用于制造形状复杂,负荷小、耐腐蚀和薄壁零件和工作温度≤200℃的高气密性零件	$w_{Si}=10\%\sim13\%$的铝硅合金
GB/T 3190—1996	硬铝	2Al2 (原 LY12)	焊接性能好,适于制作高载荷的零件及构件(不包括冲压件和锻件)	2Al2 表示 $w_{Cu}=3.8\%\sim4.9\%$、$w_{Mg}=1.2\%\sim1.8\%$、$w_{Mn}=0.3\%\sim0.9\%$ 的硬铝
	工业纯铝	1060(代 12)	塑性、耐腐蚀性高,焊接性好,强度低。适于制作贮槽、热交换器、防污染及深冷设备等	1060 表示含杂质≤0.4%的工业纯铝

表 A24　常用非金属材料

标准	名称	牌号	说明	应用举例
GB/T359—1995	耐油石棉橡胶板	NY250 HNY300	有 0.4～3.0 mm 的十种厚度规格	供航空发动机用的煤油、润滑油及冷气系统结合处的密封衬垫材料
GB/T5574—1994	耐酸碱橡胶板	2707 2807 2709	较高硬度 中等硬度	具有耐酸碱性能,在温度－30～＋0℃的20％浓度的酸碱液体中工作,用于冲制密封性能较好的垫圈
	耐油橡胶板	3707 3807 3709 3809	较高硬度	可在一定温度的全损耗系统用油、变压器油、汽油等介质中工作,适用于冲制各种形状的垫圈
	耐热橡胶板	4708 4808 4710	较高硬度 中等硬度	可在－30～＋100℃,且压力不大的条件下,于热空气、蒸汽介质中工作,用于冲制各种垫圈及隔热垫板

表 A25　材料常用热处理和表面处理名词解释

名称	代号	说明	目的
退火	5111	将钢件加热到适当温度,保温一段时间,然后以一定速度缓慢冷却	实现材料在性能和显微组织上的预期变化、如细化晶粒、消除应力等。并为下道工序进行显微组织准备
正火	5121	将钢件加热到临界温度以上,保温一段时间,然后在空气中冷却	调整钢件硬度,细化晶粒,改善加工性能,为淬火或球化退火做好显微组织准备
淬火	5131	将钢件加热到临界温度以上,保温一段时间,然后急剧冷却	提高机件强度及耐磨性。但淬火后会引起内应力,钢件变脆,所以淬火后必须回火
回火	5141	将淬火后的钢件重新加热到临界温度以下某一温度,保温一段时间冷却	降低淬火后的内应力和脆性,保证零件尺寸稳定性
调质	5151	淬火后在 500～700℃ 进行高温回火	提高韧性及强度。重要的齿轮、轴及丝杠等零件需调质
感应加热淬火	5132	用高频电流将零件表面迅速加热到临界温度以上,急速冷却	提高机件表面的硬度及耐磨性、而芯部又保持一定的韧性,使零件既耐磨又能承受冲击,常用来处理齿轮等
渗碳及直接淬火	5311g	将零件在渗碳剂中加热,使碳渗入钢的表面后,再淬火回火	提高机件表面的硬度、耐磨性、抗拉强度等。主要适用于低碳结构钢的中小型零件

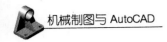

名称	代号	说明	目的
渗氮	5330	将零件放入氨气内加热,使渗氮工作表面获得含氮强化层	提高机件表面的硬度、耐磨性、疲劳强度和抗蚀能力。适用于合金钢、碳钢、铸铁件,如机床主轴、丝杠、重要液压元件中的零件
时效处理	时效	机件精加工前,加热到 100～150℃后,保温 5～20 h,空气冷却;铸件可天然时效露天放一年以上	消除内应力,稳定机件形状和尺寸,常用于处理精密机件,如精密轴承、精密丝杠等
发蓝发黑	发蓝或发黑	将零件置于氧化性介质内加热氧化,使表面形成一层氧化铁保护膜	防腐蚀、美化,如用于螺纹联结件
镀镍	镀镍	用电解方法,在钢件表面镀一层镍	防腐蚀、美化
镀铬	镀铬	用电解方法,在钢件表面镀一层铬	提高机件表面的硬度、耐磨性和耐蚀能力,也用于修复零件上磨损的表面
硬度	HB(布氏硬度) HRC(洛氏硬度) HV(维氏硬度)	材料抵抗硬物压入其表面的能力,依测定方法不同有布氏、洛氏、维氏硬度等几种	用于检验材料经热处理后的硬度。HB 用于退火、正火、调质的零件及铸件;HRC 用于经淬火、回火及表面渗碳、渗氮等处理的零件;HV 用于薄层硬化零件

参 考 文 献

［1］刘力、王冰. 机械制图[M]. 2013,北京:高等教育出版社.

［2］刘宇等. 机械制图[M]. 2013,武汉:湖北科学技术出版社.

［3］于世楠等. AutoCAD 2012 基础教程[M]. 2013,武汉:湖北科学技术出版社.

［4］易波、李志明. 汽车零部件识图[M]. 2013,北京:人民交通出版社.

［5］李澄、吴天生、闻百桥. 机械制图[M]. 2008,北京:高等教育出版社.

［6］林党养. AutoCAD 2008 机械绘图[M]. 2009,北京:人民邮电出版社.

［7］金大鹰. 机械制图[M]. 2009,北京:机械工业出版社.

［8］姚民雄、华红芳. 机械制图[M]. 2008,北京:电子工业出版社.

［9］蒋知民等. 怎样识读机械制图新标准[M]. 2005,北京:机械工业出版社.

［10］宋巧莲. 机械制图与计算机绘图[M]. 2007,北京:机械工业出版社.

图书在版编目(CIP)数据

机械制图与 AutoCAD/李志明主编. —上海:复旦大学出版社,2014.8
(复旦卓越·普通高等教育 21 世纪规划教材·机械类、近机械类)
ISBN 978-7-309-10757-9

Ⅰ. 机…　Ⅱ. 李…　Ⅲ. 机械制图-AutoCAD 软件-高等学校-教材　Ⅳ. TH126

中国版本图书馆 CIP 数据核字(2014)第 129143 号

机械制图与 AutoCAD
李志明　主编
责任编辑/张志军

复旦大学出版社有限公司出版发行
上海市国权路 579 号　邮编:200433
网址:fupnet@ fudanpress. com　http://www.fudanpress.com
门市零售:86-21-65642857　团体订购:86-21-65118853
外埠邮购:86-21-65109143
大丰市科星印刷有限责任公司

开本 787×1092　1/16　印张 16.5　字数 352 千
2014 年 8 月第 1 版第 1 次印刷

ISBN 978-7-309-10757-9/T·519
定价:33.80 元

如有印装质量问题,请向复旦大学出版社有限公司发行部调换。
版权所有　侵权必究